超长大体积混凝土结构设计与跳仓法施工指南

李国胜　主编

中国建筑工业出版社

图书在版编目(CIP)数据

超长大体积混凝土结构设计与跳仓法施工指南/李
国胜主编. —北京：中国建筑工业出版社，2015.8
ISBN 978-7-112-18084-4

Ⅰ. ①超… Ⅱ. ①李… Ⅲ. ①大体积混凝
土施工—指南 Ⅳ. ①TU755.6-62

中国版本图书馆 CIP 数据核字(2015)第 086520 号

本书主要依据《混凝土结构设计规范》、《建筑地基基础设计规范》、《建筑
桩基技术规范》、《大体积混凝土施工规范》、《超长大体积混凝土结构跳仓法技
术规程》等编写。内容包括重要概念，钢筋混凝土的性能，大体积混凝土跳仓
法施工，地下室基础结构设计与跳仓法施工，地下室内墙、柱、楼盖结构设计
与跳仓法施工，地下室外墙结构设计与跳仓法施工，地下车库结构设计与跳仓
法施工。

本书适合建筑结构设计和施工人员参考阅读，还可作为结构工程师继续教
育、施工技术人员技术继续教育培训教材。

责任编辑：武晓涛
责任设计：董建平
责任校对：李美娜　赵　颖

超长大体积混凝土结构设计与跳仓法施工指南
李国胜　主编

*

中国建筑工业出版社出版、发行(北京西郊百万庄)
各地新华书店、建筑书店经销
北京天成排版公司制版
北京建筑工业印刷厂印刷

*

开本：787×1092毫米　1/16　印张：8¼　字数：203千字
2015年8月第一版　2015年8月第一次印刷
定价：26.00元
ISBN 978-7-112-18084-4
(27321)

前　　言

　　本书是为建筑结构设计人员了解和掌握多层和高层建筑地下室及地下车库结构设计与跳仓法施工相关的重要概念、设计要点及构造编写的。内容主要依据《混凝土结构设计规范》GB 50010—2010(简称《混凝土规范》)、《建筑地基基础设计规范》GB 50007—2011(简称《地基规范》)、《高层建筑混凝土结构技术规程》JGJ 3—2010(简称《高规》)、《建筑桩基技术规范》JGJ 94—2008(简称《桩基规范》)、《大体积混凝土施工规范》GB 50496—2009、《北京地区建筑地基基础勘察设计规范》DBJ 11—501—2009(简称《北京地基规范》)、《超长大体积混凝土结构跳仓法技术规程》DB11/T 1200—2015、《全国民用建筑工程设计技术措施—结构(地基与基础)》 (2009 版)〔(简称《技术措施》)(地基与基础)〕等标准的重要条文,按结构设计和施工的要要概念、跳仓法的有关内容编写。

　　本书共七章:重要概念,钢筋混凝土的性能,大体积混凝土跳仓法施工,地下室基础结构设计与跳仓法施工,地下室内墙、柱、楼盖结构设计与跳仓法施工,地下室外墙结构设计与跳仓法施工,地下车库结构设计与跳仓法施工。其中第一章和第二章是建筑结构设计人员必须熟悉的内容,第三章是本书的重点内容。地基、基础及地下室结构,在多层和高层建筑结构中都是极为重要的设计内容,但是建筑结构设计人员往往比较多地注意地上部分结构设计,对地基的选择,基础的造型、设计要点和构造处理,都注意较少,尤其是对有关材料和施工了解很少,而地基、基础及地下室结构的设计合理与否,材料选择是否得当,对房屋的安全和建造投资至关重要,因此,设计时必须足够重视有关规定。超长大体积混凝土结构工程现在我国工业与民用建筑中相当普遍,跳仓法施工在《大体积混凝土施工规范》中虽然有所提及但不具体,更没有结构设计的内容,北京地方标准《超长大体积混凝土结构跳仓法技术规程》是该规范的补充和延伸,内容包括地下室结构设计和跳仓法施工,本书是该规程的解读和发展。

　　本书的特点是内容翔实,简明实用,可读性和可操作性强,既有重要概念,设计要点和构造细节,又有工程实例,有助于建筑结构设计人员参照应用,提高设计质量和效率,也可供建筑结构施工图文件审查、施工及监理等工作人员和大专院校土建专业师生参考。

　　本书在编写中参考和引摘的文献资料较多,对原作者深表谢意。本书内容涉及专业技术面广,限于编者的水平,有不当或错误之处在所难免,热忱盼望读者指正,编者将不胜感谢。

目　录

第一章 重要概念

1. 超长混凝土结构

超过《混凝土结构设计规范》GB 50010—2010(简称《混凝土规范》)钢筋混凝土结构伸缩缝的最大间距的结构，称为超长混凝土结构。《混凝土规范》规定的钢筋混凝土结构伸缩缝的最大间距如表 1-1 所示。

钢筋混凝土结构伸缩缝最大间距(m)　　　　　　表 1-1

结构类别		室内或土中	露天
排架结构	装配式	100	70
框架结构	装配式	75	50
	现浇式	55	35
剪力墙结构	装配式	65	40
	现浇式	45	30
挡土墙、地下室墙壁等类结构	装配式	40	30
	现浇式	30	20

注：1. 装配整体式结构的伸缩缝间距，可根据结构的具体情况取表中装配式结构与现浇式结构之间的数值；

    2. 框架-剪力墙结构或框架-核心筒结构房屋的伸缩缝间距，可根据结构的具体情况取表中框架结构与剪力墙结构之间的数值；

    3. 当屋面无保温或隔热措施时，框架结构、剪力墙结构的伸缩缝间距宜按表中露天栏的数值取用；

    4. 现浇挑檐、雨罩等外露结构的局部伸缩缝间距不宜大于 12m。

现在大量建筑地上有多幢多高层房屋或防震缝分为若干结构单元，而地下室连成一体不设永久缝，总长度和宽度达数百米，有的更长。地面上为庭院绿化，地下为停车库，楼房位置与地下停车库位置总平面有多种类型，如图 1-1 所示，图中斜线为楼房，虚线范围内为地下停车库。

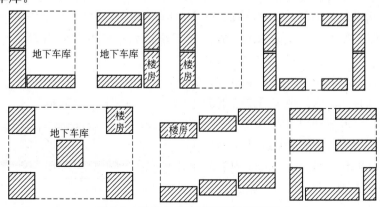

图 1-1　楼房与地下停车库总平面形式

2. 大体积混凝土

混凝土结构实体最小几何尺寸不小于1m的大体量混凝土，或预计因混凝土中胶凝料水化引起的温度变化和收缩而导致有害裂缝产生的混凝土，均属于大体积混凝土。我国多高层建筑的基础底板的厚度有不少大于1m，例如：北京银泰中心的酒店、办公楼部分基础钻孔灌注桩底侧后压浆筏板厚度为3.5m；青岛财富中心主楼天然地基，基础筏板厚2.5m；宁波市商会国贸中心A楼，钻孔灌注桩基础筏板厚2.8m，核心筒部分厚3m。有的基础底板厚度虽然不大于1m和地下室外墙或楼盖，往往由于多种因素出现有害的混凝土裂缝。

国家标准《大体积混凝土施工规范》GB 50496—2009（简称《施工规范》）规定，大体积混凝土的设计强度宜为C25～C40，并可采用混凝土60d或90d的强度作为混凝土配合比设计、混凝土强度评定及工程验收的依据。

3. 施工后浇带

（1）《高层建筑混凝土结构技术规范》JGJ 3—2010（简称《高规》）第3.4.13条规定，当采用有效的构造措施和施工措施减小温度和混凝土收缩对结构的影响时，可适当放宽伸缩缝的间距，这些措施包括每30～40m间距留出施工后浇带，带宽800～1000mm，钢筋采用搭接接头，后浇带混凝土宜在45d浇筑。《高规》12.2.3条规定：高层建筑的地下室不宜设置变形缝。可沿基础长度每隔30～40m留一道贯通顶板、底板及墙板的施工后浇带，带宽不宜小于800mm，且宜设置在柱距三等分的中间范围内。后浇带混凝土宜在其两侧混凝土浇灌完后45d以上再进行浇灌，其强度等级应提高一级，且宜采用早强、补偿收缩的混凝土。

（2）施工后浇带的作用是释放混凝土硬化过程中的收缩应力，减少或控制混凝土的初始裂缝。在20世纪80年代的许多图册或手册中，后浇带（包括施工后浇带和沉降后浇带）处的梁、板和墙钢筋要求断开，为使混凝土收缩更自由，减少约束，在后浇带浇筑前梁的钢筋采用焊接，板、墙钢筋采用搭接。由于此类做法施工费事而且难以保证焊接质量，因此，从20世纪90年代起改为在后浇带处钢筋连续不再断开。现在有的图集和资料中要求在后浇带范围增设加强钢筋，这是没有必要的，相反增大约束，丧失了后浇带的作用。

（3）当筏板混凝土为刚性防水时，在施工后浇带处筏板下宜采用附加卷材防水做法（见图1-2）。

（4）施工后浇带本属于施工管理范围，设计可以不管，而且《高规》规定后浇带混凝土宜在45d浇筑，《混凝土结构工程施工规范》GB 50666—2011要求后浇带浇筑时间不得少于14d，两个标准不一致。超长大体积混凝土工程中采用跳仓法施工时，可以不再设置施工后浇带。

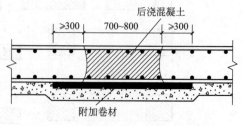

图1-2 施工后浇带附加卷材防水

4. 沉降后浇带

（1）国家标准《建筑地基基础设计规范》GB 50007—2011（简称《地基规范》）第 8.4.20 条规定，当高层建筑与相连的裙房之间不设置沉降缝时，宜在裙房一侧设置用于控制沉降差的后浇带，当沉降实测值和计算确定的后期沉降差满足设计要求后，方可进行后浇带混凝土浇筑。

（2）多高屋主楼与裙房（或地下车库）基础之间设置沉降后浇带，目的是为了控制差异沉降允许值（主楼墙、柱与裙房柱基础之间距离的1/500）。对同时建造的高层主楼与裙房，为减少或避免基础的差异沉降，设计时应采取必要的措施，使主楼与裙房基础的沉降差值在允许范围内。

（3）为减少差异沉降，主楼基础应采取下列必要措施：

1）地基持力层应选择压缩性较低的土层，其厚度不宜小于 4m，并且无软弱下卧层；

2）适当扩大基础底面面积，以减少基础底面单位面积上的压力；

3）当地基持力层为压缩性较高的土层时，可采取高层建筑的基础采用桩基础或复合地基、裙房为天然地基的方法，或高层主楼与裙房采用不同直径、长度的桩基础，以减少沉降差。

（4）为使裙房基础沉降量接近主楼基础沉降值，可采取下列措施：

1）裙房基础埋置在与高层主楼基础不同的土层，使裙房基底持力层土的压缩性大于高层主楼基底持力层土的压缩性；

2）裙房采用天然地基，高层主楼采用桩基础或复合地基；

3）裙房基础应尽可能减小基础底面面积，不宜采用满堂基础，以柱下单独基础或条形基础为宜，并考虑主楼基底压力的影响。

（5）采取措施后，许多工程在沉降后浇带两侧设观测点，从开始至主楼地上完成多层实测表明始终没有沉降差，其原因是土体具有强度，在沉降后浇带范围不可能有沉降突变，因此，沉降后浇带浇灌时间可与施工后浇带相同。现在一些标准图集及手册中，要求沉降后浇带待主楼到顶后再浇灌是不正确的。

沉降观测表明，由于高层主楼地基（天然地基或复合地基）下沉土的剪切传递，邻近裙房地基随着下沉而形成连续沉降曲线。因此，当高层主楼侧边裙房或地下车库基础距主楼基础边小于等于 20m 可不设沉降后浇带（见图 1-3）。

（6）由于沉降后浇带浇灌混凝土相隔时间较长，在水位较高施工时采用降水，按一般沉降后浇带做法在未浇灌混凝土前降水不能停止，因此将增加降水费用，为此可采用在沉降后浇带的基础底板和外墙处增设抗水及防水措施（见图 1-4），只需要结构重量能平衡水压浮力时即可停止降水。施工后浇带可不设抗水板。

（7）设置沉降后浇带给施工造成许多问题，具体为：

1）沉降后浇带两侧需要设钢板止水带，底部增设抗水板和附加防水层；

2）由于待浇灌混凝土的间隔时间较长，楼板、梁模板需长期支撑并防止变形；

3）浇灌混凝土前的清理、剔凿、冲刷工作麻烦，尤其是基础底板部位，移位的钢筋要复位；

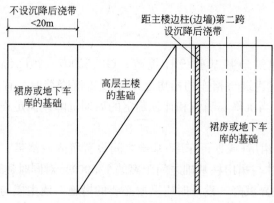

图 1-3　沉降后浇带平面

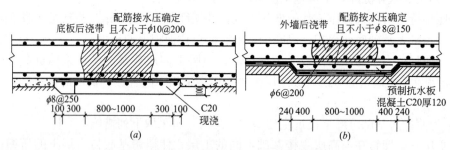

图 1-4　基础底板及外墙施工后浇带抗水做法
(a)基础底板后浇带；(b)外墙后浇带

4）浇灌混凝土后必须认真充水养护不得小于 14d，否则与原混凝土接合面出现裂缝；

5）影响沉降后浇带部位的设备安装和建筑装修；

6）影响施工进度，增加施工费用。

（8）设计中如果按上述（3）、（4）采取措施，使沉降差值控制在规定允许范围，完全没有必要再设置沉降后浇带。

5. 粉煤灰混凝土

（1）粉煤灰是一种人工火山灰材料，是从煤粉炉中收集到的细颗粒粉末。应用粉煤灰配制混凝土，可以改善混凝土性能、提高工程质量、降低工程成本、有利环境、降低能耗。因此，合理利用粉煤灰，可以获得良好的社会效益与经济效益。粉煤灰作为一种优良的活性掺合料用于工程结构混凝土，是在 20 世纪 70 年代以后，现在，粉煤灰被用于配制高强混凝土、高流态混凝土和泵送混凝土。

（2）为合理利用粉煤灰，制订了国家标准《粉煤灰混凝土应用技术规范》GBJ 146 和行业标准《粉煤灰在混凝土和砂浆中应用技术规程》JGJ 28。标准对粉煤灰的技术要求、粉煤灰混凝土的应用、配合比设计及施工检验等均有规定。

（3）粉煤灰质量的指标分为三个等级：Ⅰ级粉煤灰品位最高，颗粒最细，配制的混凝土各项性能优异，可用于后张预应力构件或跨度小于 6m 的先张预应力钢筋混凝土构件；

Ⅱ级粉煤灰粒径较粗，但经过球磨加工后可以达到或接近Ⅰ级灰的品质指标要求，对混凝土的强度贡献与其他各项物理力学性能的提高均高于或接近于基准混凝土，可用于普通混凝土和轻骨料混凝土；Ⅲ级粉煤灰为未经加工和筛选的原状灰，颗粒最粗，含碳量较高，可用于高强度等级水泥配制低强度混凝土或用于砌筑砂浆中，大体积混凝土结构工程中采用Ⅰ级或Ⅱ级粉煤灰。

（4）大量的试验研究表明：由于粉煤灰的火山灰活性作用，在混凝土中掺加粉煤灰可以提高混凝土的密实性。龄期越长，反应越完全，混凝土越密实，混凝土的强度也越高。随着混凝土抗压强度的提高，混凝土的抗拉强度与抗折强度也随之相应提高，混凝土的弹性模量可提高 5%～10%。普通混凝土与粉煤灰混凝土不同龄期强度对比如表 1-2 所示。

普通混凝土与粉煤灰混凝土对比　　　　　　　　　　　　表 1-2

水泥品种	混凝土种类	各龄期强度比值				
		R_7	R_{28}	R_{60}	R_{90}	R_{180}
42.5级 硅酸盐水泥	普通混凝土	0.63～0.84	1.0	1.07～1.18	1.18～1.27	1.25～1.42
	粉煤灰混凝土	0.55～0.79	1.0	1.15～1.21	1.27～1.35	1.35～1.48
32.5级 矿渣水泥	普通混凝土	0.66	1.0	1.18	1.19	—
	粉煤灰混凝土	0.61～0.63	1.0	1.18～1.21	1.25～1.29	—

应用粉煤灰配制的混凝土，因为粉煤灰的二次水化反应一般在混凝土浇筑 14d 以后才开始，并由于粉煤灰取代了部分水泥，降低了混凝土中水泥的浓度，因此早期强度有所降低。为了克服早期强度降低，粉煤灰混凝土中采用减水剂，其作用为：第一，可以减少混凝土拌和水的用量，减小水灰比提高混凝土中水泥浓度；其次，以减水剂为主的化学外加剂能使水泥中 $CaSiO_3$ 水化所产生的 $Ca(OH)_2$ 增多，有利于粉煤灰与 $Ca(OH)_2$ 的二次水化反应，从而激发了粉煤灰的活性。混凝土中掺入粉煤灰以后，混凝土的水化热峰值一般在 3d 以后才出现，这一特点对于大体积混凝土和炎热气候下施工的混凝土有利。

（5）大量的试验研究表明，伴随着粉煤灰混凝土后期强度的提高，其长期性能与耐久性能均有所改善。以掺用 YJ-2 型外加剂的粉煤灰混凝土为例，其抗折强度约可提高 50%，轴心抗拉强度提高 10%，与钢筋粘结力提高 12%，混凝土收缩降低 4%～20%，钢筋的锈蚀仅相当于基准混凝土的 27.5%。当粉煤灰的掺量为水泥的 30% 时，其渗透系数仅为纯水泥混凝土的 38.5%。

（6）粉煤灰混凝土的设计强度等级、强度保证率、标准差及离差系数等指标，应与基准混凝土相同，其设计强度等级的龄期规定有：地上工程宜为 28d；地下工程宜为 60d 或 90d；民用和工业建工程大体积混凝土结构宜为 60d 或 90d。

（7）普通钢筋混凝土中，粉煤灰的掺量不应大于水泥用量的 40%。补偿收缩混凝土中如果掺有粉煤灰，其膨胀性很小，所以在掺有粉煤灰的大体积混凝土结构工程中，不采用掺加膨胀剂的补偿收缩混凝土，例如，北京国贸三期和新中央电视台塔楼工程。

（8）北京某混凝土搅拌站对掺有 25%～30% 粉煤灰和减水剂的混凝土，采用 60d 及 90d、龄期强度等级分别为 C30 和 C40、抗渗等级为 P8，不同龄期混凝土强度的情况如表 1-3 所示。

混凝土不同龄期强度 表 1-3

C30 混凝土			C40 混凝土		
龄期(d)	强度(N/mm²)	百分比(%)	龄期(d)	强度(N/mm²)	百分比(%)
3	15.2	51	3	21.3	53
7	28.6	95	7	37.8	95
14	33.8	113	14	44.6	112
28	37.6	125	28	48.3	121
60	42.7	142	60	56.0	140
90	47.5	158	90	63.5	159

根据《混凝土结构工程施工规范》中相关规定，因考虑运输、管理等因素，混凝土搅拌站配制的强度比设计强度提高不小于15%，但有的搅拌站提高得太多，这对控制混凝土裂缝是不利的。因此，在正常情况下掺有粉煤灰的大体积混凝土，取用 60d 或 90d 龄期强度，对工程结构承载力是合理和可靠的。

6. 膨胀剂的使用

（1）20 世纪 80 年代我国建筑工程中开始采用掺膨胀剂的补偿收缩混凝土，使工程中混凝土裂缝控制和提高耐久性起到了积极作用，为提高建筑工程质量作出了贡献。但是，近年来一些工程采用了掺膨胀剂的补偿收缩混凝土而没有取得应有效果，仍发生不同程度的裂缝，甚至出现"掺加膨胀剂就裂，不掺膨胀剂反而不裂"的怪现象。

（2）膨胀剂主要补偿温度收缩和干燥收缩，补偿收缩混凝土是指所使用的配筋条件下能在混凝土内部建立 0.2～0.3MPa 的压应力或使混凝土所受的拉力低于混凝土抗拉强度的一种微膨胀混凝土。目前建筑工程中掺膨胀剂配制的膨胀混凝土都属于补偿收缩混凝土，只能补偿混凝土的化学减缩、大部分干缩及很少的冷缩，主要用于结构自防水和回填后浇带。

补偿混凝土的关键技术指标是限制膨胀率，而配制补偿混凝土原材料的性能和材料的配合比例对这个指标有较大影响，其中膨胀剂品种、掺量和水泥品种的影响最显著。试验表明，不同的水泥品种采用相同膨胀剂而膨胀率有明显差别，相同水泥采用同一种膨胀剂而掺量不同时膨胀率差别显著。

（3）膨胀剂的使用应有科学的理论指导，严格周密的施工措施作保证。早期采用膨胀剂补偿混凝土时，必须有膨胀剂供货单位(如中国建筑材料研究院)提供技术咨询，应根据工程结构构件部位、大小和混凝土的强度等级、水泥品种、粗细骨料等情况，以及施工季节、搅拌站距施工现场远近，确定膨胀剂用量，并配合混凝土搅拌站和施工现场。补偿收缩混凝土的养护对其发挥补偿收缩特性至关重要，无论是硫铝酸钙类还是氧化钙类补偿收缩混凝土，在其发生体积膨胀时都需要大量水分，仅靠拌和水是不足以使其具有抗裂能力的。因此，掺膨胀剂补偿收缩混凝土需要充水饱和养护 14d，否则难以达到控制裂缝的目的。

（4）目前我国有近百家企业生产混凝土膨胀剂，品种繁多，由于生产条件、技术路线和原材料的差异，导致产品性能不同。采用单位仅按产品广告的掺加比例搅拌混凝土，既无供货单位进行技术咨询，也不了解膨胀剂补偿收缩混凝土施工养护必备条件，错误认为掺了膨胀剂混凝土可以不裂缝，反而忽视对混凝土应有的养护，结果使许多工程导致即使掺加了膨胀剂的结构仍然出现许多裂缝，很多工程的后浇带采用加膨胀剂补偿收缩混凝土浇灌，却与原混凝土交接面出现裂缝。由于上述现象，目前在工程结构中不再采用膨胀剂补偿收缩混凝土，主张普通混凝土"好好打"。

（5）膨胀剂补偿收缩混凝土的强度等级宜为 C25～C40。高强度混凝土水泥用量多，混凝土的水化热也升高，将导致混凝土内外温差和冷却值增加，使高强度混凝土易开裂。

（6）现在有许多高层或超高层建筑的基础底板厚度达 2～5m，膨胀剂补偿收缩混凝土即使表面蓄水养护，其核心部位仍然处于绝湿状态，膨胀剂的作用难于发挥。试验表明，补偿收缩混凝土的膨胀在 30～40℃ 为最大，超过 60℃ 其膨胀性远低于常温下的膨胀性。所以在厚度较大的高强度混凝土结构中，如果不能很好地控制内部升温，膨胀剂的作用难于发挥。因此，大体积混凝土的工程基础底板不再采用膨胀剂，因为掺有大量粉煤灰的混凝土，补偿收缩混凝土的膨胀效能很低。例如，北京国贸三期 A 塔工程的 C45 混凝土基础底板，厚度为 4.5m，采用Ⅰ级粉煤灰掺加比例达 49％配比的混凝土；北京中央电视台新台址的塔楼 1 和塔楼 2，基础底板厚度分别为 10.8m 和 10.9m，采用强度等级为 C40，掺加 44％Ⅰ级粉煤灰的混凝土。这两项工程都属于超长大体积混凝土，均没有采用膨胀剂，由于加强养护管理，较好地控制了混凝土裂缝。

7. 建筑结构裂缝

（1）在工业与民用建筑的砖砌体及钢筋混凝土房屋结构中，裂缝是具有普遍性的现象。工程实践表明，房屋中的许多裂缝并非由于外荷载所引起，有的在尚未投入使用、受荷载前就出现，这类裂缝是由于变形作用所引起，如温度变形、收缩或膨胀变形、地基差异沉降或膨胀等因素引起的裂缝。这些因素与建筑环境、所有材料、结构类型、地基基础、施工条件等有关。因此，工程裂缝的研究是一门综合性很强的学科。

（2）在建筑结构中裂缝是不可避免的。在一些砖砌体房屋的墙体上和一些钢筋混凝土建筑的现浇框架结构及剪力墙结构中经常出现早期裂缝，即在施工阶段出现的裂缝，其主要原因是收缩及温度应力。一些房屋的屋顶层，受太阳辐射（夏天太阳直射下表面温度可达 50～60℃）作用产生热胀变形，在砖砌体房屋顶层，墙体常引起开裂。钢筋混凝土外露构件，如挑檐、挑廊等，常由于温度影响引起收缩裂缝。裂缝的存在会降低建筑物的整体性、耐久性和抗震性能，给使用者在感观上和心理上造成不良影响。

（3）在对工程中存在的裂缝进行评定时，应根据裂缝产生的部位及形状进行分析，判断引起开裂的主要原因，分析其危害性，既不能忽视隐患的存在，也不能产生对裂缝的恐惧感，采取科学的态度进行认真的分析和处理。应特别注意对结构的稳定性和受剪承载力将产生严重影响的裂缝，因为这两种裂缝与影响受弯、受拉承载力的裂缝不同，对构件的稳定破坏和剪切破坏没有明显的预兆。

（4）在建筑结构设计中，在控制裂缝方面值得吸取的教训是，有不少人认为钢筋混凝土结构的混凝土强度等级和砖砌体的砂浆强度等级越高越好，结果由于水泥用量多，导致混凝土构件和墙体收缩开裂。例如，不少现浇钢筋混凝土楼板采用大于C30混凝土，而现在绝大多数大中城市是泵送商品混凝土，用水泥量多、坍落度大，在建筑装修前就有大量可见裂缝；砖砌体房屋墙体及围墙，对比现在采用高强度砂浆砌筑的和以前采用低强度砂浆砌筑的，前者比后者的裂缝多且普遍。

（5）对已有裂缝的建筑，为了解结构的安全性和耐久性是否还满足要求，需要对结构进行检测、鉴定，对其可靠性做出正确评价，然后进行维修处理或加固，以提高结构的安全性，延长其使用寿命。检测时，可根据结构实际情况或工程特点确定重点内容，例如，钢筋混凝土结构构件应着重检测混凝土强度等级、配筋及裂缝分布位置和大小情况；砖砌体结构应看重检测砌筑质量、构造措施、裂缝分布位置和大小情况。

（6）由于一般建筑结构设计人员对房屋结构裂缝现象不熟悉，因此，对砖墙、混凝土墙或梁、板的裂缝缺少分析判断的能力，更难以提出合理的处理办法，甚至盲目得出错误结论，采用不必要的加固措施和处理办法。例如，北京某4层框架结构厂房，施工完首层顶板在进行二层框架柱绑钢筋时，拆除首层框架梁模板后，发现梁一侧有非常规则的竖向裂缝，某设计单位的总工竟认为是由于柱基础不均匀沉降所产生，实际上梁侧裂缝是由于梁箍筋贴模板所造成的；20世纪90年代初设计的北京某宾馆多功能厅大跨度钢筋混凝土梁，由于当时按规范配置的腰筋较少而出现竖向收缩裂缝，本来完全可以根据裂缝宽度分别采用环氧胶泥表面封闭或环氧浆液压力灌浆处理，而设计单位坚持要采用粘贴钢板处理，多花了不必要的费用；北京某砖砌体结构的多层宾馆，屋顶由于保温隔热处理不足使横墙顶部产生八字形裂缝，设计单位及有关人员竟然认为是由于阳台上方雨篷倾覆所产生，要进行加固处理等等。

（7）有关钢筋混凝土结构的裂缝成因及控制措施见本书第二章。

8. 温度变形

（1）建筑结构由于温度产生变形作用引起的应力状态，采用什么样的力学工具来分析，是一项十分重要的方法问题。专家王铁梦通过多年的实践，认为弹性理论是最好的基本工具，深信弹性理论可以解决绝大部分工程结构问题。其他的非线性分析方法，诸如弹塑性、塑性、黏弹性、流变、断裂、损伤等力学工具，都各有其特点和长处，但都没有弹性理论系统和成熟。

在解决结构物变形变化引起的应力状态时，有一个很重要且不可忽略的基本概念，即约束的基本概念。当结构产生变形运动时，不同结构之间、结构内部各质点之间，都可能产生相互影响、相互牵制，这就是"约束"。由于建筑物有各种结构组合，约束的形式也因之有许多种，但大致可分为"外约束"与"内约束"两大类。

一个物体的变形受到其他物体的阻碍，一个结构的变形受到另一结构的阻碍，这种结构与结构之间、物体与物体之间的相互牵制作用，称作"外约束"。例如，地下框架变形受到地基基础的约束，挡土墙体变形受到基础的约束，结构横梁变形受到立柱的约束等，均属外约束。构件的外约束应力起因于结构与结构的约束，约束变形可能有各种形式。因此，既可能产生贯穿性断裂，也可能产生局部裂缝。

一个物体或一个构件本身各质点之间的相互约束作用，称为"内约束"或"自约束"。

沿一个构件截面各点可能有不同的温度和收缩变形，引起连续介质各点间的内约束应力。研究内约束时，一般假定混凝土及钢筋混凝土构件为均质弹性体。但在特殊情况下，如研究混凝土内部微裂的出现时，需要考虑混凝土内部构造，探讨石子骨料与水泥浆的约束应力。假定水泥的收缩变形受到不变形的骨科约束，则按外约束计算方法进行。因此，外约束与内约束是相对的，在不同条件下可以采取不同的假定。

（2）结构物可能承受由温、湿度及其他作用引起的变形。如图 1-5 所示的悬臂梁，承受一均匀的温度差 T（升温为正，降温为负），梁将产生自由伸长 ΔL，梁内不产生应力。

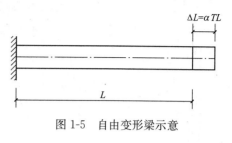

图 1-5　自由变形梁示意

梁端自由伸长值（自由位移）：

$$\Delta L = \alpha T L \tag{1-1}$$

$$\varepsilon = \frac{\Delta L}{L} = \alpha T \tag{1-2}$$

式中：α——线膨胀系数（杆件每升高 1℃ 的相当变形）（1/℃）；

　　　T——温差（℃）；

　　　L——悬臂梁的跨度（cm）；

　　　ε——相对自由变形。

如果悬臂梁的右端呈嵌固状，则梁的温度变形受到阻碍，完全不能位移，梁内便产生约束应力，其应力数值由以下两个过程叠加而得：

1）假定梁呈自由变形，梁端变形 $\Delta L = \alpha T L$；

2）施加一外力 P，将自由变形梁压缩回到原位产生的应力，即为变形约束应力。

根据外力 P 的作用，位移 $\Delta L = \dfrac{PL}{EF}$，$P = \dfrac{\Delta L E F}{L}$，则将自由变位 ΔL 压回原位的压应力，即约束应力为：

$$\sigma = -\frac{P}{F} = -\frac{\Delta L E F}{L F} = -\frac{\alpha T L E F}{L F} = -E \alpha T \tag{1-3}$$

这就是自由变形全部被压回到原位时的最大约束应力，其值与温差、线膨胀系数及弹性模量成比例，而与长度无关。

（3）实践表明，基础底板的最大控制应力同温差、收缩差及线膨胀系数成正比，为线性比例关系。底板的弹性模量增加，应力增加；底板受地基的约束程度，即地基对底板的阻力系数 C_x 增加，应力增加；底板的厚度增加，应力降低。但所有这些关系都不是线性比例关系，增加或减少的速度呈非线性变化。特别是在这样简单的公式中显而易见的是，最大应力不仅与高长比（H/L）有关，而且与绝对尺寸底板长度有关。长度增加，应力增加，但不是线性关系。在较短的范围内，长度对应力影响较大，超过一定长度后，影响变微，其后趋近一常数。然后，长度无论如何增加，应力不变，见图 1-6。该图显示的是具有不变的（H/L）= $\dfrac{1}{10}$，具有各种不同水平阻力系数 C_x，由于底板绝对尺寸变化而有不同应力的关系曲线。可以看出，C_x 越小，应力增加越缓慢；随着长度的增加，应力增长速率不断下降；如长度超过 100~1000m，应力变化极微（6‰ 以下，长度 80000m 及 100000m，甚至无穷长），应力也

不超过 $(0.3 \sim 0.5) E \alpha T$，$0.3 \sim 0.5$ 是考虑混凝土徐变引起的应力松弛系数。

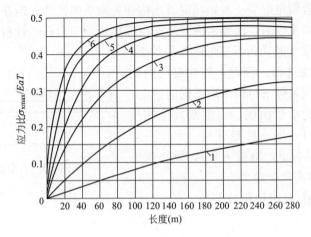

图 1-6　温度应力与结构长度关系

$1-C_x = 3 \times 10^{-2} N/mm^3$；$2-C_x = 10 \times 10^{-2} N/mm^3$；$3-C_x = 30 \times 10^{-2} N/mm^3$；

$4-C_x = 60 \times 10^{-2} N/mm^3$；$5-C_x = 1N/mm^3$；$6-C_x = 1.5N/mm^3$

　　由图 1-6 中的曲线可得出结论，伸缩缝作为工业与民用建筑中控制裂缝的主要措施之一，只在较短的间距范围对削减温度收缩应力起显著作用。若超过一定长度，即使设置伸缩缝也没有意义。简而言之，"留伸缩缝，宜短些；若过长，则失去效用"。留伸缩缝不仅麻烦，且主要缺点是漏水并对抗震不利，应尽量避免。

　　如果想在超长或加长（理论上可以无限长）的底板上不设置伸缩缝，而又想控制不开裂，是否可以实现呢？从计算给出的回答是肯定的，那就要调整有关的其他因素，只要所得出的拉应力（或最大约束应变）≤结构材料的抗拉强度（极限拉伸），就可以保证结构不会开裂，任意长度的无缝工程完全可以实现。

　　（4）关于长墙的裂缝区域，一般是在远离边界的中部区域，裂缝呈竖向，较为均布。如混凝土质量很不均匀，则裂缝间距波动较大。如中部遇有截面变化，如壁柱、梁托、沟槽等，则在变断面处产生应力集中，裂缝在壁柱、梁托、沟槽处容易出现，已为许多实践所证实。

　　为了进一步说明伸缩缝的作用，并且兼顾施工中"后浇缝"的设置理论依据，用极限变形概念研究伸缩缝作用，并作为一种实用计算方法推导出具体公式，对设计与施工是当务之急。

　　根据试验表明，混凝土构件承受拉应力作用时，其应力—应变关系直至破坏都接近线性关系，见图 1-7。

　　试以抗拉强度与极限拉伸的正比关系将最大应力公式改造一下，即得 σ_{max}^* 达到抗拉强度时的结构允许最大长度（伸缩缝许可间距）。如果结构物的长度超过伸缩缝间距，则此伸缩缝间距就是裂缝间距。

　　当水平应力达到抗拉极限强度时，混凝土的拉伸变形

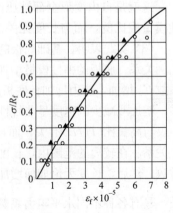

图 1-7　混凝土受拉
时应力—应变关系

即达到极限拉伸变形：

$$\sigma_{max}=R，\varepsilon=\varepsilon_p，R=E\varepsilon_p \tag{1-4}$$

此状态下堤取 L，即为伸缩缝最大间距：

$$\sigma_{xmax}=E\varepsilon_p=-E\alpha T+\frac{E\alpha T}{ch\beta\frac{L}{2}} \tag{1-5}$$

$$ch\beta\frac{L}{2}=\frac{E\alpha T}{E\alpha T+E\varepsilon_p} \tag{1-6}$$

$$\frac{L}{2}=\frac{1}{\beta}arcch\frac{\alpha T}{\alpha T+\varepsilon_p} \tag{1-7}$$

最大伸缩缝间距以 $[L_{max}]$ 表示(亦是不留伸缩缝的裂缝间距)，可按下式计算：

$$[L_{max}]=2\sqrt{\frac{EH}{C_x}}arcch\frac{\alpha T}{\alpha T+\varepsilon_p} \tag{1-8}$$

式中：arcch——双曲余弦的反函数，查数学手册或利用计算器直接运算。

公式中的分数部分，如 T 为正值(升温)，极限应变 ε 为负值(压应变)；如 T 为负值(降温或收缩)，极限变形为正值(拉伸)。分母两项永远异号，为便于表示和应用，以绝对值表示：

$$[L_{max}]=2\sqrt{\frac{EH}{C_x}}arcch\frac{|\alpha T|}{|\alpha T|-\varepsilon_p} \tag{1-9}$$

式(1-9)建立在最大应力刚达到抗拉强度 $\sigma_{max}=R_f$ 尚未开裂的依据之上。如销超过则开裂，间距减少一半，得最小间距 $[L_{min}]=\frac{1}{2}[L_{max}]$，因此平均伸缩缝间距 $[L]$ 公式为：

$$[L]=1.5\sqrt{\frac{EH}{C_x}}arcch\frac{|\alpha T|}{|\alpha T|-\varepsilon_p} \tag{1-10}$$

在式(1-10)中，混凝土极限拉伸 ε_p 值可考虑配筋影响及徐变影响。

应用这一公式，注意温差 T 中包括水化热温差、气温差、收缩当量温差

$$T=T_1+T_2+T_3 \tag{1-11}$$

式中：T_1——水化热温差(壁厚大于、等于 500mm)；

T_2——气温差；

T_3—— $-\frac{\varepsilon_y}{\alpha}$，其中 ε_y 为收缩变形，α 为 10×10^{-6}；

ε_p——极限拉伸，当材质不佳、养护不良，$(0.5\sim0.8)\times10^{-4}$；当材质优选、养护优良，缓慢降温，$2\times10^{-4}$；中间状况，$(1\sim1.5)\times10^{-4}$。

如果结构物的长度小于 $[L]$ 或偏于安全地取 $[L_{min}]$，则结构物可不设置温度伸缩缝，即是取消伸缩缝的条件。在缓慢变形条件下考虑徐变，再考虑构造配筋，极限拉伸可能越过 2×10^{-4}。

由上式可看出，地基对底板的阻力系数 C_x 变化时，伸缩缝间距也随着变化。当 $C_x\to$ 0 时，即地基对底板几乎不产生阻力，底板接近自由变形时，伸缩缝间距可任意长，即取消伸缩缝。一些工程在底板与垫层之间设滑动层，如铺两层油毡、施沥青涂层以及用其他

当地可用的垫层。相反，如果在坚硬地基(如岩石、旧混凝土)上做许多键槽，高低变化频繁，则大大增加 C_x 值，增加水平应力，减少伸缩缝间距。嵌入底板的桩基也会引起相同结果，伸缩缝间距宜减小。

从以上公式还可看出，温差或收缩相对变形与结构材料的极限拉伸之间的关系(即 αT 和 ε_p 之间的关系)很重要，一般总是 $|\alpha T|$ 大于 $|\varepsilon_p|$，故分数永远是正的。它们的差别越大，伸缩缝间距越小；差别越小，伸缩缝间距越大。如果采取措施使 $|\varepsilon_p|$ 值趋近于 $|\alpha T|$，arcch∞趋近于∞，则安全无需伸缩缝。这就需要降低温差或收缩，提高混凝土的极限拉伸。这种可能是存在的，特别是在地下工程中，其可能性更大，因这里所处的经常性温差波动不大，而且又能对混凝土起良好作用。当然，$|\varepsilon_p|$ 大于 $|\alpha T|$ 数学上无解，但物理概念上伸缩缝则可取消。

在工程实践中，遇到形状复杂、结构变化多端，其受力状态难以严格求解，则可采用温差(包括收缩)变形小于或等于极限拉伸的原则控制裂缝：$\alpha T \leqslant \varepsilon_p$。即所谓"抗"的原则。

计算得到结构端部的位移为 u，如果不留伸缩缝，在最大应力处即引起开裂，开裂的两侧分为两个块体，每一块的端部变形之和也就是裂缝宽度。根据最大裂缝间距、平均裂缝间距及最小裂缝间距，得到最大、最小及平均裂缝宽度。

应用本书提供的板端最大位移公式可求出裂缝开裂宽度，即把裂缝处看作是两块板的板端，裂缝宽度亦即两个端点的位移之和，$\delta = 2u$：

$$u = \frac{\alpha T}{\beta \mathrm{ch}\beta \dfrac{L}{2}} \mathrm{sh}\beta x \qquad (1\text{-}12)$$

当 $x = \dfrac{L}{2}$，即在最大应力处开裂，裂缝宽度公式为：

$$\delta_f = 2U_{max} = 2\frac{\alpha T}{\beta} \mathrm{th}\beta \frac{L}{2} \qquad (1\text{-}13)$$

如上所述，当我们求出平均、最大及最小裂缝间距后，可以求出相应的平均、最大及最小裂缝开裂宽度：

$$\delta_f = 2\psi \sqrt{\frac{EH}{C_x}} \alpha T \mathrm{th}\beta \left[\frac{L}{2}\right] \qquad (1\text{-}14)$$

$$\delta_{fmax} = 2\psi \sqrt{\frac{EH}{C_x}} \alpha T \mathrm{th}\beta \left[\frac{L_{max}}{2}\right] \qquad (1\text{-}15)$$

$$\delta_{fmin} = 2\psi \sqrt{\frac{EH}{C_x}} \alpha T \mathrm{th}\beta \left[\frac{L_{min}}{2}\right] \qquad (1\text{-}16)$$

式中：$\mathrm{th}\beta \left[\dfrac{L}{2}\right]$——双曲正切函数，$\mathrm{th}\beta \dfrac{L}{2} = \mathrm{th}\left(\beta \left[\dfrac{L}{2}\right]\right)$ 其中 $\beta = \sqrt{\dfrac{C_x}{EH}}$；

$\psi = FH(t)$——裂缝宽度衰减系数；考虑混凝土虽开裂，但钢筋尚牵制而阻止裂缝扩展，以 F 表示牵制影响，以及开裂后由于徐变，裂缝两侧混凝土不能全部恢复到弹性变形位置的系数 $H(t)$，见表 1-4。

裂缝宽度衰减系数   表 1-4

μ(配筋率)(%)	0~0.2	0.3~0.4	0.5~0.6	0.7~0.8	0.9~1.0
F	1.0	0.8	0.6	0.4	0.2
$H(t)$	0.3	0.3	0.3	0.3	0.3
$\psi=FH(t)$	0.3	0.24	0.18	0.12	0.06

注意以允许长度作为裂缝间距，用 $[L]$、$[L_{min}]$、$[L_{max}]$ 算出裂纹宽度；用结构长度 L 算出的是端部最大位移。

9. 建筑地基基础设计

（1）房屋建筑的地基基础设计应贯彻执行国家技术经济政策，做到技术先进、安全适用、经济合理、确保质量、保护环境、提高效益。还应坚持因地制宜、就地取材、保护环境、节约资源和节省投资。

（2）地基基础设计时应依据勘察成果，结合结构特点、使用要求，综合考虑施工条件、材料情况、场地环境和工程造价等因素，切实做到精心设计，以保证建筑物的安全和正常使用。

（3）地基基础的概念设计极其重要，概念设计是设计人员准确运用已有的科技知识、工程经验和技术标准，对地基基础工程从方案选择到施工完成全过程的概念性设计。地基基础的概念设计和建筑方案与上部结构的概念设计应该互动协调，指导地基基础设计和施工。

（4）场地和地质条件是进行地基基础设计的前提，在地基基础设计前首先应充分了解拟建场地和地质条件，地质勘察资料是地基基础设计的依据。

（5）多、高层建筑的地基基础不同方案选择，与工程造价关系极大，为节省投资应该对地基基础多方案比较进行优化设计。多、高层建筑宜优先采用天然地基，有利于方便施工、缩短工期，节省造价；天然地基的变形和承载力不能满足时，可结合工程情况和当地地基处理经验及施工条件，首先考虑采用 CFG 桩等复合地基；当复合地基不满足变形及承载力要求时，应采用桩基。桩基采用预制桩还是采用现浇灌注桩，预制桩采用锤击还是静压成桩工艺，灌注桩是否采用后注浆，均应依据工程和当地具体情况采用不同方案，这些与工期和造价关系很大。基础的不同选型，直接关系到工期和造价，在考虑方案时应注意护坡、土方、结构专业以外的附加材料费用、工期等综合造价，不应只考虑结构专业的混凝土和钢筋用量。

（6）建筑地下室尤其是无上部房屋的地下车库，当地下水位较高时抗浮验算非常重要，因此，岩土工程勘察报告应提供用于验算抗浮的设计水位。各地地下水位情况差别大，如上海市抗浮设计水位一般按 $-0.5m$ 考虑；北京市区实际潜水层距地面很深，而有的勘察报告因考虑南水北调等因素提供的抗浮设计水位过高，经必要的咨询而降低许多。抗浮方法应根据工程的具体情况采用合理的方法，当主楼采用天然地基或复合地基，裙房或地下车库为抗浮采用抗拔桩时，基础相互之间差异沉降将非常突出。

（7）建筑场地的类别划分，应以土层等效剪切波速和场地覆盖层厚度为准，土层剪切波速的测量，应符合下列要求：

1）在场地初步勘察阶段，对大面积的同一地质单元，测量土层剪切波速的钻孔数量不宜少于 3 个；

2）在场地详细勘察阶段，对单幢建筑，测量土层剪切波速的钻孔数量不宜少于 2 个，数据变化较大时，可适量增加；对小区中处于同一地质单元的密集建筑群，测量土层剪切波速的钻孔数量可适量减少，但每幢高层建筑不得少于一个；

3）对丁类建筑及丙类建筑的层数不超过 10 层且高度不超过 24m 的多层建筑，当无实测剪切波速时，可根据岩土名称和性状，按表 1-5 划分土的类型，再利用当地经验在表 1-5 的剪切波速范围内估计各土层的剪切速度。

土的类型划分和剪切波速范围　　　　　表 1-5

土的类型	岩土名称和性状	土层剪切波速范围(m/s)
岩石	坚硬、较硬且完整的岩石	$v_s > 500$
坚硬土或软质岩石	破碎和较破碎的岩石或软和较软的岩石、密实的碎石土	$800 \geqslant v_s > 500$
中硬土	中密、稍密的碎石土、密实、中密的砾、粗、中砂、$f_{ak} > 150$ 的黏性土和粉土，坚硬黄土	$500 \geqslant v_s > 250$
中软土	稍密的砾、粗、中砂，除松散外的细、粉砂，$f_{ak} \leqslant 150$ 的黏性土和粉土，$f_{ak} > 130$ 的填土，可塑新黄土	$250 \geqslant v_s > 150$
软弱土	淤泥和淤泥质土，松散的砂，新近沉积的黏性土和粉土，$f_{ak} \leqslant 130$ 的填土，流塑黄土	$v_s \leqslant 150$

注：f_{ak} 为由载荷试验等方法得到的地基承载力特征值(kPa)；v_s 为岩土剪切波速。

（8）建筑场地覆盖层厚度的确定，应符合下列要求：

1）一般情况下，应按地面至剪切波速大于 500m/s 的土层顶面的距离确定；

2）当地面 5m 以下存在剪切波速大于其上部各土层剪切波速 2.5 倍的土层，且其下卧岩土的剪切波速均不小于 400m/s 时，可按地面至该土层顶面的距离确定；

3）剪切波速大于 500m/s 的孤石、透镜体，应视同周围土层；

4）土层中的火山岩硬夹层、应视为刚体，其厚度应从覆盖土层中扣除。

（9）土层的等效剪切波速，应按下列公式计算：

$$v_{se} = d_0 / t \tag{1-17}$$

$$t = \sum_{i=1}^{n} (d_i / v_{si}) \tag{1-18}$$

式中：v_{se}——土层等效剪切波速(m/s)；

　　　d_0——计算深度(m)，取覆盖层厚度和 20m 二者的较小值；

　　　t——剪切波在地面至计算深度之间的传播时间(s)；

　　　d_i——计算深度范围内第 i 土层的厚度(m)；

　　　v_{si}——计算深度范围内第 i 土层的剪切波速(m/s)；

　　　n——计算深度范围内土层的分层数。

（10）建筑的场地类别，应根据土层等效剪切波速和场地覆盖层厚度按表 1-6 划分为四类。当有可靠的剪切波速和覆盖层厚度且其值处于表 1-6 所列场地类别的分界线附近时，应允许按插值方法确定地震作用计算所用的设计特征周期。

各类建筑场地的覆盖层厚度（m）   表 1-6

岩石的剪切波速或土的等效剪切波速（m/s）	场地类别				
	I_0	I_1	II	III	IV
$v_s > 800$	0	—	—	—	—
$800 \geqslant v_s > 500$	—	0	—	—	—
$500 \geqslant v_{se} > 250$	—	< 5	$\geqslant 5$	—	—
$250 \geqslant v_{se} > 150$	—	< 3	$3 \sim 50$	> 50	—
$v_{se} \leqslant 150$	—	< 3	$3 \sim 15$	$> 15 \sim 80$	> 80

注：表中 v_s 系岩石的剪切波速。

（11）场地内存在发震断裂时，应对断裂的工程影响进行评价，并应符合下列要求：

1）对符合下列规定之一的情况，可忽略发震断裂错动对地面建筑的影响：

① 抗震设防烈度小于 8 度；

② 非全新世活动断裂；

③ 抗震设防烈度为 8 度和 9 度时，前第四纪基岩隐伏断裂的土层覆盖厚度分别大于 60m 和 90m。

2）对不符合 1）规定的情况，应避开主断裂带。其避让距离不宜小于表 1-7 对发震断裂最小避让距离的规定。

发震断裂的最小避让距离（m）   表 1-7

烈度	建筑抗震设防类别			
	甲	乙	丙	丁
8	专门研究	200m	100m	—
9	专门研究	400m	200m	—

（12）当需要在条状突出的山嘴、高耸孤立的山丘、非岩石和强风化岩石的陡坡、河岸和边坡边缘等不利地段建造丙类及丙类以上建筑时，除保证其在地震作用下的稳定性外，尚应估计不利地段对设计地震动参数可能产生的放大作用，其水平地震影响系数最大值应乘以增大系数。其值应根据不利地段的具体情况确定，在 1.1～1.6 范围内采用。

（13）场地岩石工程勘察，应根据实际需要划分的对建筑有利、一般、不利和危险的地段，提供场地类别和岩土地震稳定性(含滑坡、崩塌、液化和震陷特性)评价，对需要采用时程分析法补充计算的建筑，尚应根据设计要求提供土层剖面、场地覆盖层厚度和有关的动力参数。

（14）结构自振周期应与地震动卓越周期错开，避免共振造成灾害。地震动卓越周期又称地震动主导周期，是根据地震时某一地区地面运动记录计算出的反应谱的主峰值位置所对应的周期，它是地震震源特性、传播介质和该地区场地条件的综合反应，并随场地覆盖土层增厚变软而加长。

场地卓越周期 T_0 可按下列公式计算：

场地为单一土层时：

$$T_0 = \frac{4H}{v_s} \tag{1-19}$$

场地为多层土时：

$$T_0 = \sum \frac{4h_i}{v_{si}} \tag{1-20}$$

式中：H、h_i——单一土层或多层土中第 i 土层的厚度（m）；

v_s、v_{si}——单一土层或多层土中第 i 土层的剪切波速值（m/s）。

按照《建筑抗震设计规范》GB 50011—2010 的规定，场地的计算深度一般为 20m，且不大于场地覆盖厚度。因此，H 或 $\sum h_i$ 的取值不大于 20m。

多高层建筑结构的自振周期，可参考下列经验公式：

框架结构	$T_1 = 0.085N$	(1-21)
框架—剪力墙结构	$T_1 = 0.065N$	(1-22)
框架—核心筒结构	$T_1 = 0.06N$	(1-23)
外框筒内核心筒结构	$T_1 = 0.06N$	(1-24)
剪力墙结构	$T_1 = 0.05N$	(1-25)

式中：N——地面以上房屋总层数。

（15）有抗震设防的高层建筑结构，当采用桩基或复合地基时不能改变场地类别。场地类别由一个相对宏观的地区决定，应按勘察执行或抗震安评报告提供的场地类别采用。

（16）结构基础类型

1）一般（非短肢）剪力墙结构的墙体直落到基础底板形成箱形，无论是天然地基、复合地基或桩基，基础底板必然为平板式筏基；非剪力墙结构的基础，常采用梁板式筏基、平板式筏基及单独柱基（天然地基、复合地基或桩承台）加抗水板。

2）梁板式筏基为多高层建筑基础过去常采用的习惯做法，也是结构设计人员认为合理的形式。但是经多项工程综合经济比较表明，采取梁板式筏基比平板式筏基施工工期长，综合造价高，因为由于梁板式筏基基础埋置深度大，基坑护坡量大，挖土量多，基础底板与梁分别浇筑混凝土，先浇筑板再支梁模板然后浇筑梁，梁与梁之间需填砂石或混凝土等材料及钢筋混凝土地面层。20 世纪 80 年代日本等国外设计的工程基础采用平板式筏基，当时我们认为结构太浪费，却没有意识到如此设计的原因。

3）多高层建筑的基础采用平板式筏基比梁板式筏基合理。结构设计不能仅计算混凝土和钢筋数量，还应作综合造价的比较和考虑施工的难易，尤其目前施工管理及操作人员的水平状况，结构构件构造简单、操作方便就容易保证质量。

4）平板式筏基的板厚度按冲切确定，框架柱按多数柱轴力确定，少数轴力大的柱下筏板往下加厚，外框架内核心筒结构的核心筒部分筏板厚度应按其从属轴力大小按冲切确定，外框架柱下筏板厚度按柱轴力冲切确定，可分区取筏板厚度。天然地基或复合地基不应整块筏板同厚度，桩基础可调整桩的布置，满足柱和核心筒各自所需，筏板厚度也可分区取值。

5）多高层剪力墙结构采用桩基础时，宜沿墙下布桩设承台，避免满堂布桩，墙与墙之间按抗水板设计，以便节省造价。当房屋层数多，满堂布置桩时筏板厚度应按冲切确定。

（17）高层建筑基础设计概念。

1）高层建筑基础设计比一般建筑基础要更复杂，它具有荷载大、埋置深及要求严的特点，在选择基础形式时与建筑物的使用性质、上部结构类型、地质情况、抗震性能、对周围建筑物的影响及施工条件等有密切的关系，下面介绍在方案设计过程中和计算结果判断时经常用到的一些概念。

① 基础设计的目的是为上部结构提供一个可靠的平台，使上部结构受力与分析结果一致，为此应保证一定的刚度和强度。地基基础规范与桩基规范等对基础沉都与差异沉降都提出了强制规定。

② 基础类型可分两大类，有独立式基础（独基、桩承台）和整体式基础（地基梁、筏板、箱基、桩梁、桩筏、桩箱）。对于独立式基础可以取荷载的最大轴力组合、最大弯矩组合、最大剪力组合计算；对于整体式基础每个柱子的最大值不会同时出现，应对各种荷载效应组合分别计算后进行统计。相比两种设计方法，整体式基础整体刚度大、计算复杂，但对地基承载力的总要求反而降低，桩数反而减少。

③ 天然地基上的筏基与常规桩筏基础是两种典型的整体式基础形式。常规桩筏基础不考虑桩间土承载力的发挥，当减小桩数量后桩与土就能共同发挥作用，如桩基规范中的复合桩基。当天然地基上的筏基沉降不能满足设计要求时，可加少量桩来减小沉降及提高承载力，如上海规范的沉降控制复合桩基。对天然地基进行人工处理后（如采用 CFG 桩或其他刚性桩），就可变成复合桩基（没有设柔性垫层）或复合地基（设柔性垫层）。

④ 整体式基础是一个超静定结构，基底土、桩反力及基础所受内力与筏板刚度密切相关，刚度越大则内力越大。当局部构件配筋过大时，首先想到增大尺寸，如不起作用，减小尺寸有时更有效。

⑤ 相比上部结构计算，设计人员的工程经验起着重要作用。在桩筏有限元计算中，桩弹簧刚度及板底土反力基床系数的确定等均与沉降密切相关，因此基础计算的关键是基础的沉降问题。合理的沉降量是筏板内力及配筋计算的前提，在沉降量合理性的判断过程中，工程经验起着重要的作用。

⑥ 针对高层建筑桩筏（箱）基础传统设计方法带来的碟形差异沉降问题和主裙房的差异沉降问题，最新修订的中华人民共和国行业标准《建筑桩基技术规范》JGJ 94—2008 提出变刚度调平设计新理念，其基本思路是：考虑地基、基础与上部结构的共同作用，对影响沉降变形场的主导因素——桩土支承刚度分布实施调整，"抑强补弱"，促使沉降趋向均匀。具体而言，包括高层建筑内部的变刚度调平和主裙房间的变刚度调平。对于前者，主导原则是强化中央，弱化外围。对于荷载集中、相互影响大的核心区，实施增大桩长（当有两个以上相对坚硬持力层时）或调整桩径、桩距；对于外围区，实施少布桩、布较短桩，发挥承台承载作用。调平设计过程就是调整布桩，进行共同作用迭代计算的过程。对于主裙房的变刚度调平，主导原则是强化主体，弱化裙房。裙房采用天然地基是首选方案，必要时采取增沉措施。当主裙房差异沉降小于规范容许值，不必设沉降缝，连后浇带也可取消。最终达到，筏板上部结构传来的荷载与桩土反力不仅整体平衡，而且实现局部平衡。由此，最大限度地减小筏板内力，使其厚度减薄变为柔性薄板。

⑦ 虽然程序能自动完成筏板的计算，但设计人员应有初步的力学概念。筏板计算模型必须具备荷载、基础构件及边界约束。荷载有多种形式，包括点荷载（如柱荷载）、线荷载（如墙荷载）、面荷载（如板面荷载）；基础构件可划分成多种形式单元，包括梁单元（如明梁、暗梁、筏板的肋）、板单元；边界约束可分为固定约束、弹性约束（如点弹簧、面弹

簧）。力的传递路径叫力流，在概念设计中要求受力、传递路径简单、直接、明确。对于复杂的基础进行分析经常用"水流"形象地理解"力流"，上部结构荷载通过柱、墙传给基础的梁与板，通过基础后传给与基础相接的土和桩。其中基础的梁与板中的内力是按刚度进行分配，板越厚梁分担就越少，但梁比板受力明确，且容易发挥其抗弯刚度，应首先考虑梁（包括明梁、暗梁、筏板的肋）的设置。如梁超筋，可将板厚加大或采用平板基础。刚度的突变对力流的传递是不利的，梁板尺寸的变化应渐变。由于剪力墙相当于刚度很大的梁，剪力墙的边角部筏板或梁的内力计算值往往很大，在设计中应注意局部的验算和加强。

2）高层建筑上部结构、地下室与地基基础的相互作用。

① 高层建筑的基础上部整体连接着层数很多的框架、剪力墙或（和）筒体结构，地下室四周很厚的挡土墙又紧贴着有效侧限的密实回填土，下部又连接着沿深度变化的地基。无论在竖向荷载还是水平荷载的作用下。它们都会有机地共同作用，相互协调变形。尽管在这方面的设计计算理论仍不够完善，但如果再把基础从上部结构和下部地基的客观边界条件中完全隔离出来进行计算，根本无法达到真正设计要求的目的。

高层建筑基础的分析与设计经历了不考虑上、下共同相互作用的阶段，仅考虑基础和地基共同作用的阶段，到现今开始全面考虑上部结构和地基基础相互作用的新阶段。我国目前也有了专门的高层建筑与地基基础共同作用理论的相关程序，但现在设计人员所用的一体化计算机结构设计程序仍是沿袭着不具体充分考虑相互作用的常规计算方法。所以，设计的计算结果往往和工程实测的结果相差较远。

② 无论是箱基还是筏基，诸多工程的实测都显示：底板的整体弯曲率都很小，往往都不到万分之五，甘肃省的一些高层建筑箱形基础的实测弯曲率都在 $(0.16 \sim 3.4) \times 10^{-4}$ 之间；例如法兰克福展览会大楼的筏板实测挠曲率也只有 2.55×10^{-4}，而测得的筏（或底）板钢筋应力一般都在 $20 \sim 30 \text{N/mm}^2$ 之间，只有钢筋强度设计值的十分之一，个别内力较大的工程也几乎没有超过 70N/mm^2；又例如陕西省邮政电信网管中心大楼筏板所测得的最大钢筋拉应力也只有 42.66N/mm^2。

出现这种基础底板内力远远小于常规计算方法的因素很多，如在基础底板施工时，只有底板的自重，且无任何上部结构的边界约束，而混凝土的硬化收缩力大，在底板的收缩应变过程中，使混凝土中的纵向钢筋产生预压应力。若混凝土的收缩当量为15℃，则钢筋的预压应力可达 31.5N/mm^2，例如陕西省邮政电信网管中心大楼测得的筏板钢筋预压应力为 30.25N/mm^2，相当于十分之一的设计强度，从而在正常工作状态下抵消了部分拉应力，使钢筋的受力变小；另外，基础底面和地基土之间巨大的摩擦力起着一定程度的反弯曲作用。摩擦力是整栋建筑的客观边界条件，不能视而不见，特别是对于天然地基的箱形和筏形基础来讲，地基土都比较坚实，变形模量、基床系数都比较大，则基础底板的内力和相应的挠曲率势必会相应减小；再有，天然地基设计承载力按平均值取用，而实测基底反力表明，由于土体局部承压提高了承载力，在柱和墙下的反力比平均反力值大得多（见图1-8）。

除上述因素外，最主要的是上部结构和地下室整体刚度的贡献，并参与了基础的共同抗力，起到了拱的作用，从而减小了底板的挠曲和内力。对若干工程基础受力钢筋的应力测试表明，在施工底部几层时，基础钢筋的应力是处于逐渐增长的状态，变形曲率也逐渐

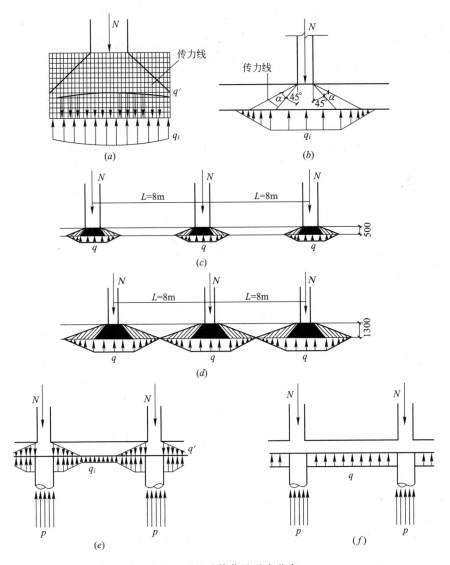

图 1-8　基础传荷及反力分布

(a)地基上的刚块；(b)基础荷载传递示意；(c)基础梁刚度较小的联合基础；

(d)基础梁刚度较大的联合基础；(e)桩基反力实际分布；(f)桩基反力计算假定

加大。施工到上部第 4、5 层时，钢筋的应力达到最大值。然后随着层数及其相应的荷载
逐步增加，底板钢筋的应力又逐渐减小，变形曲率也逐渐减缓。其原因是，在施工底部 4、
5 层时，已建上部结构的混凝土尚未达到强度，刚度也尚未形成，这时的上部荷载余部由
基础底板来单独承担。而随着继续往上施工，上部结构的刚度渐次形成，并逐渐加大，与
基础底板整体作用，共同抗力，则产生拱的作用，使基础底板的变形趋于平缓。北京中医
院工程箱形基础的现场实测显示，底板和顶板均为拉应力。这充分说明了由于上部结构和
基础的共同作用，弯曲变形的中和轴已移到上部结构。

又如北京前三门 604 号工程，地下 2 层，地上 10 层，箱形基础实测显示：钢筋应力
随底部楼层施工的增高而加大，当施工至连同地下室共 5 层时，基础底板钢筋应力最大值

为 $30N/mm^2$，5 层以后，底板钢筋应力随楼层施工的增高而减小。结构封顶时，底板钢筋的最大应力只有 $4N/mm^2$。

从上述的诸多工程实例中可以看出，高层建筑基础底板实际所承受的弯曲内力都远远小于常规计算值，有很大的内在潜力。所以结构工程师在具体工程项目的设计中，必须细心把握，否则基础截面和配筋量都会比实际所需的大得多，会造成很大的浪费。

3）高层建筑基础应具有一定的埋置深度，对地面以上整体结构的受力性能都会有很大的贡献。设计人员务必在设计中充分挖掘它的潜在功能，利用它的有利作用。

① 地下室深基坑的开挖，对天然地基或复合地基的基础能起到很大的卸载和补偿作用，从而减少了地基的附加压力。例如，一栋地上 36 层、地下 2 层的高层建筑，若筏板底埋深 9m，在基坑周围井点降水后，将原地面以下 9m 厚的岩土挖去建造地下室，则卸去的土压力为 $9×18＝162kPa$，约相当于 10 层楼的标准荷载重量（上部楼层的标准荷载按 16kPa 计）。如果该场地的地下水位为 $-2m$，当地下室建成后，井点降水终止，则地下水回升正常水位的浮托力为 70kPa，约相当于 4 层楼的标准荷载重量。所以，地基实际上所需支承的仅是 $36+2-10-4=24$ 层楼（包括地下室在内）的荷重，即卸去了约 36% 的上部荷载，从而也就大大地降低了对地基承载力的要求。

② 由于地下室具有一定的埋置深度，周边都有按设计要求夯实的回填土，所以地下室前、后钢筋混凝土外墙的被动土压力和侧墙的摩擦阻力都限制了基础的摆动，加强了基础的稳定，并使基础底板的压力分布趋于平缓。所以，很多资深结构设计人员认为，当地下室的埋深大于建筑物高度的 $1/12\sim1/10$ 时，安全可以克服和限制偏压引起的整体倾覆问题。

地下室周边回填土的摩擦阻力功能有多大，可以通过陕西省邮政电信网管中心大楼的实测结果来说明。现场测试表明，在结构封顶时的桩、土分担比值之和约为 78%，则说明桩和筏底土只共同承担了约 78% 的上部结构总重，而剩余的 22% 结构总重却是由地下水的浮力和地下室（包括筏板自身的厚度）周边回填土的摩擦阻力来分担。该场地的稳定地下水位埋深 $11.15\sim12.0m$，筏底埋深 13.0m，以最高水位计算，地下水的浮托力才 $38.8×42.4×1.85×10=30.4MN$，该值很小，所以，绝大部分的剩余荷载都是由侧摩擦阻力来分担的。该地下室外墙的有效总面积 $A_w=2×(35.8+40)×(13-1)=1820m^2$，确实具有较大的可挖潜在功能。

所以，对于高层建筑的基础设计，结构工程师必须加强对地下室周边回填土的质量要求和控制，避免产生不认真夯实回填土的情况。内摩擦角越大，土回填就越密实，抗剪强度越高，提供的被动土压力也就越大，对基础的稳定越有保证。同时，地下室外墙与回填土之间巨大接触面积上的摩擦力同样也对地基基础起着很大的卸载与补偿作用。

③ 地下室结构的层间刚度要比上部结构大得多，地上建筑的井筒、剪力墙和（或）柱都直接贯通到地下室，特别是地下室的外墙都是很厚且开洞极少的钢筋混凝土挡土墙，在大面积的被动土压力与摩擦阻力的侧限下，与地基土形成整体，地震时与地层移动同步。所以，无论是箱形还是筏形基础，地下室的顶板和底板之间基本不可能出现层间位移。

10. 建筑地基实测沉降值比计算沉降值小的原因

（1）地基基础规范强调了按变形控制设计地基基础的重要性，沉降计算是基础计算的重要内容。由于设计人员往往认为按规范算出的结果就是正确的，当软件出现多个沉降计算结果时，设计人员会出现疑问或困惑。实际上，这与岩土工程的复杂性有关，我国幅员辽阔，地质条件千差万别、各不相同。虽然规范中提供了各种沉降计算的方法，所有方法基本上都假设土是弹性介质，采用弹性有限压缩分层总和法计算出初值，再乘以一个计算经验系数。但是土的本构关系不是线弹性，用弹性解来模拟只是一个近似。不同的土与弹性解的误差是各不相同的，虽然计算经验系数是通过统计得到的，由于统计样本的土不是同一土性，离散性较大，所以只能作为参考。这样就不难理解不同的地方规范经验修正方法不同，比如对于简单的天然地基，按地基规范计算的沉降与上海规范计算的沉降有时会差一倍多。

沉降值包括基底附加压力引起的沉降和考虑回弹再压缩的量，回弹再压缩的量是比较难计算的，因为与施工的方法、时间、环境等相关。对于先打桩后开挖的情况，沉降计算可以忽略基坑开挖地基土回弹再压缩。但对于其他情况的深基础，设计中要考虑基坑开挖地基土回弹再压缩。根据多个工程实测也发现，裙房沉降偏小，主裙楼差异沉降偏大。对于主楼回弹再压缩量占总沉降量的小部分，对于裙房回弹再压缩量占总沉降量的大部分。回弹再压缩模量与压缩模量之比的取值可查勘察资料，如勘察资料没有提供可取 2～5 之间的值。

对在建建筑物进行沉降观测，比较与计算值之间的差别，通过这些工作以期积累工程经验。事实上，不管是天然地基还是桩基，基础沉降值不可能完全按公式计算确定，根据丰富的当地经验判断的沉降值往往比按公式的计算结果更具可靠性，更具参考价值。

（2）因本章 9 的(17)基础梁板钢筋实测应力远小于设计强度值的诸多原因，这与基础沉降值也相关。除此之外，实际工程中活荷载总量远比按规范取值小得多，地基实际压缩模量往往也比取用值大，这些原因直接关系到基础的最终沉降值。

（3）一些工程基坑回弹实测值和天然地基、复合地基、桩基沉降量计算值与实测值对比。

北京地区天然地基的工程基坑回弹实测值见表 1-8，天然地基及复合地基 CFG 桩的一些工程基础沉降计算与实测值见表 1-9，桩基的一些工程基础沉降计算与实测值见表 1-10。

天然地基基坑回弹

表 1-8

工程名称	层数地上/地下	基坑深度(m)	基底土类	承载力特征值 f_{ak}(kPa)	回弹值(mm)
北京西苑饭店 A 段主楼 B 段裙房 C 段裙房	23＋塔 6/3 3/2 3/2	11.40 8.53 8.90	砂卵石 粉细砂 粉细砂	400 200 200	10.3 9.7 7.0
北京燕莎中心 主楼 裙房	18/3 2/1	15.24 6.20	粉质黏土 黏质粉土	200 140	55(最大) 22

续表

工程名称	层数地上/地下	基坑深度(m)	基底土类	承载力特征值 f_{ak}(kPa)	回弹值(mm)
北京昆泰大厦 主楼 裙房	21/3 10/3	15.30 15.30	圆砾 圆砾	350 350	39.0(中部最大) 28.7(平均)
北京信远大厦	18/4	19.65	粉质黏土	230	48(最大) 38.6(平均)

天然地基、复合地基工程沉降量　　　　　表 1-9

工程名称	结构类型	层数地上/地上	地面以上高度(mm)	沉降值(mm)		实测时间	地基
				计算	实测		
北京西苑饭店 A 段主楼 B 段裙房 C 段裙房	底部大空间 剪力墙结构 框架结构 框架结构	23+塔 6/3 3/2 3/2	93.51	35～50.3 5～10 0～23	22～32.1 24～12 24～12	竣工 竣工 竣工	砂卵石 粉细砂 粉细砂
鄂尔多斯 2 号 高层住宅	剪力墙	26/2	79.55	34.3	14.4	结构封顶	CFG 桩复合
北京金地花园 A 楼 B 楼 C 楼	剪力墙结构 剪力墙结构 剪力墙结构	30～34/2 30～34/2 24/2	— — —	— — —	30.8～39.9 33.6～41.1 33.1～45.5	结构封顶 结构封顶 结构封顶	CFG 桩复合 CFG 桩复合 CFG 桩复合
北京清华同方 A 楼 B 楼	框架-核心筒 框架-核心筒	26/3 26/3	99.90 99.90	50 50	39.7 35.7	投入使用后 最大值	CFG 桩复合 CFG 桩复合
北京光彩中心 A 楼 B 楼 C 楼	框架-核心筒 框架-核心筒 框架-核心筒	17/3 17/3 24/3	64 64 85	55.1 64.3 53.5	33.1 30.2 35.1	封顶后 3 个月 最大值	中、细砂 中、细砂 中、细砂
北京京西宾馆	剪力墙结构	29/3	105.6	56.9	20.59～50.12	完工后 32 个月	卵石
北京 CEC 大厦西楼	框架-核心筒	20/4	—	—	21.56～30.98	封顶后	粉砂、圆砾
北京某投资大厦	框架-核心筒	18/4	—	—	17.35～31.97	封顶后	卵石
北京中环世贸 D 座	框架-核心筒	34/5	—	—	24.51～40.75	封顶后	细、中砂

续表

工程名称	结构类型	层数 地上/地上	地面以上 高度(mm)	沉降值(mm) 计算	沉降值(mm) 实测	实测时间	地基
北京燕莎中心宾馆	框剪	18/3	—	—	39.89 51.90	封顶后 最大值、 沉降稳定	粉质黏土
深圳紫荆苑主楼	框架	13/1	—	—	23.10	封顶后 平均值	砾质黏土
北京金融街 B7 大厦 B 楼	框架-核心筒	24/4	99.2	47	30.0	竣工时 最大值	卵石

桩基工程沉降量　　　　　　　　　　　表 1-10

工程名称	结构类型	层数 地上/地上	地面以上 高度(mm)	沉降值(mm) 计算	沉降值(mm) 实测	实测时间	桩型
北京昆仑饭店主楼	框支剪力墙	28/2	102.3	90	70 最大 50 平均	沉降稳定	预制管桩 $\phi400$, $l=12m$
北京 SOHO 现代城 A 栋	筒中筒	40/3	126.95	55.6 最大 29 最小	33.6 最大 26.4 平均	结构封顶	钻孔灌注桩 $\phi800$, $l=29.5m$
南京银河大厦主楼	框架-核心筒	45/3	166.15	30 平均	28 最大	竣工后	钻孔灌注桩 $\phi1200$, $l=25m$
西安国际 商务中心 A 段	筒中筒	40/2	150	100	24.6～ 26.7	封顶 一年后	钻孔灌注桩 $\phi800$, $l=50m$ 桩端后压浆
西安西京医 院安居工程	剪力墙	28/3	—	90	14.4～ 23.5	沉降稳定	钻孔灌注桩 $\phi800$, $l=38m$
北京雪莲大厦	框架-核心筒	36/4	146.3	—	30～32	结构封顶	钻孔灌注桩 $\phi800$, $l=38m$ 后压浆
杭州第二长途 电信枢纽工程主楼	筒中筒	41/3	169.5	—	15 最大	结构封顶	钻孔灌注桩 $\phi1500$, $l=40m$ 桩端后压浆
河南发展大厦	框架-核心筒	31/2	121.5	最大 200	13.17 最大 12.68 最小	竣工后	钻孔灌注桩后压浆 $\phi800L=30m$
天津嘉里 中心 8 号公寓	框架-核心筒	—	204.3	70.9	30	结构封顶	钻孔灌注桩 $\phi1000L=52.5$
烟台阳光 100 城市广场	框架-核心筒	31/2	129	15.3 12.8	11.51 10.06	主体 竣工后	人工挖孔桩桩长 18m 端部中风化云母片岩
上海佳成大厦	框支剪力墙	17/1	59.4	69	15 最大	竣工后	钻孔灌注桩 $\phi700$, $l=51m$
上海四联大厦	剪力墙	23/1	85	31	9.6 平均	结构封顶	钻孔灌注桩 $\phi800$, $l=52.4m$

中央电视台新主楼位于北京市朝阳区东三环，主楼由两座塔楼组成，塔楼 1 高 51 层，塔楼 2 高 44 屋，两者分别在 37 层和 30 层悬挑 75m 和 67m 成连体（14 屋）。塔楼采用 $\phi1200mm$ 直径，桩长 52m 进入第 9 屋细砂层，桩端桩侧后注浆，单桩承载力特征值为 1.10×10^4kN，基础沉降计算值，塔楼 1 中心最大为 79mm，周边约为 31mm，塔楼 2 中心最大为 70mm，周边为 31mm。结构封顶 1 年后实测最大沉降量：塔楼 1 为 49mm，塔楼 2 为 43mm。考虑到沉降实测是在筏板浇筑后进行的，计算值减去筏板自重所产生的值最大分别为 66mm 和 52mm，也比实测值大许多。

金茂大厦位于上海浦东，地上 88 层高 420.6m，基础埋置深度 19.65m，筏板厚度 4m，采用钢管桩 $\phi914mm$，桩长 83m，桩允许承载力 7500kN，于 1997 年 8 月完工，沉降观测从 1995 年 10 月 5 日至 2003 年 4 月 1 日共 149 次，核心筒中心实测最大沉降量为 82mm，平均沉降为 77.4m，周边平均沉降为 59.4mm，设计时沉降计算变化范围为 91～122mm。

北京银泰中心位于北京建国门外国贸桥两南侧，A 楼为钢筒中筒结构，高 249.5m，两侧 B、C 楼为钢筋混凝土筒中筒结构，高 186m，均有 4 层地下室。采用直径 1100mm 桩端桩侧后注浆的钻孔灌注桩，桩端为 10 层圆砾层，有效桩长 30m，承载力特征值为 12000kN。沉降量计算值为：钢结构塔楼为 53mm，两座混凝土塔楼为 46.3mm。在施工装修阶段沉降实测值，钢结构塔楼最大平均值为 24.68mm，B、C 塔楼最大平均分别为 23.69mm 和 32.54mm，预估最终值应该不超过 40mm。

以上工程实例的实际沉降观测表明，沉降计算值与实测值有较大差值，高层主楼与裙房之间的基础即使设沉降缝，在相接处的沉降值变化也是连续的，没有突变现象。这种结果说明以前认为基础附加压力悬殊处基础会有沉降突变的观点是不符合实际的。因此，仅从差异沉降量考虑，高层主楼与裙房之间的基础可以不设沉降缝。

高层主楼与裙房之间设置沉降后浇带作为一种短时期释放约束应力的技术措施，较设永久性沉降缝已大大前进了一步。但是，在基础底板留沉降后浇带，将历时较长，如到主楼封顶需几个月甚至几年，在这么长时间里后浇带中将不可避免地落进各种各样的垃圾杂物及积水，钢筋出现锈蚀，在灌注后浇带混凝土前清理工作非常艰难，但是若不清理干净势必影响工程质量。

根据参考文献［14］取消沉降后浇带是有实践经验和理论依据的，关于后浇带释放差异沉降问题，近 20 年来对上海软土地基条件下桩筏及桩箱基础的沉降观测，不仅竣工前的观测最长时间 3～6 年，建成投入使用后仍持续进行了长达 18 年的详细观测，说明后浇带在结构封顶前能释放的差异沉降应力约 20%～45%；如果后浇带封闭时间提前到 2～3 个月，释放应力是微不足道的。在上海一些软土地基桩箱基础调查中，发现主楼裙房间的后浇带封闭时在后浇带处连在一起的素混凝土垫层表面无裂纹，这表明此处没有差异沉降，后浇带在这里起了"安慰作用"。根据实测，桩筏及桩箱基础的差异沉降与基础的整体刚度有明显关系，主楼与裙房的基础联合为一体的差异沉降远小于以后浇带或沉降缝分离基础的差异沉降。所以，取消沉降后浇带，用主楼及裙房的桩基调节差异沉降，利用主楼与裙房联合基础的整体刚度来减少差异沉降是完全可能的。在上海取消沉降后浇带已建成的代表性高层建筑有：

1）上海世界金融大厦，主楼地上 43 层，高 186m，地下 3 层，底板面标高 -12.9m，底板厚 3.3m，采用 $\phi609.5$ 钢管桩；裙房地上 4 层，高 20m，地下 3 层，底板厚 1.6m，也采用 $\phi609.5$ 钢管桩。

2）上海东海商业中心二期，基础长 100m，宽 47m，塔楼底板厚 2.5m，裙房底板厚 1.1m，现浇基础板一次性连续浇筑。

3）上海金融广场，基础边长为 63.3m，宽 45.5m，塔楼底板厚 2.5m，裙房底板厚 1.2m，现浇基础板一次性连续浇筑。

11. 混凝土结构构件最小配筋率

有关钢筋混凝土结构构件最小配筋率在《混凝土规范》等标准中均有规定。如《混凝土规范》第 9.1.8 条规定，在温度、收缩应力较大的现浇板区域，应在板表面双向配置防裂构造钢筋，配筋率均不宜小于 0.10％，间距不宜大于 200m；第 9.2.13 条规定，梁的腹板高度 h_w 不小于 450mm 时，在梁的两个侧面应沿高度配置纵向构造钢筋，每侧的构造纵向钢筋（不包括梁上、下部受力钢筋及架立钢筋）的间距不宜大于 200mm，截面面积不应小于腹板截面面积（bh_w）的 0.1％，但当梁宽较大时可以适当放松；第 9.4.4 条规定，墙水平分布钢筋的配筋率和竖向分布钢筋的配筋率不宜小于 0.20％，重要部位的墙，水平和竖向分布钢筋的配筋率宜适当提高，墙中温度、收缩应力较大的部分，水平分布钢筋的配筋率宜适当提高。《高规》第 7.2.17 条规定，剪力墙竖向和水平分布钢筋的配筋率，一、二、三级时均不应小于 0.25％，四级和非抗震设计时均不应小于 0.2％；第 7.2.19 条规定，房屋顶层剪力墙、长矩形平面房屋的楼梯间和电梯间剪力墙、端开间纵向剪力墙以及端山墙的水平和竖向分布钢筋的配筋率均不应小于 0.25％，间距均不应大于 200mm；第 12.2.5 条规定，高层建筑地下室外墙设计应满足水土压力及地面荷载侧压作用下承载力要求，其竖向和水平分布钢筋应双层双向布置，间距不宜大于 150mm，配筋率不宜小于 0.3％。

上述规定均考虑钢筋混凝土墙、梁因温度、收缩变形可能出现裂缝而要求的最小配筋率，设计时应根据工程具体情况做处理，对某些构件增大配筋率以控制裂缝，尤其是墙、板面构件当长度大时分布钢筋间距宜小。

12. 对建筑物沉降观测的必要性

建筑物的地基变形（沉降）控制非常重要，为此国家标准《建筑地基基础设计规范》GB 50007—2011 中表 5.3.4 规定了各类工程地基变形允许值。不仅通过计算进行控制变形，还应进行沉降实际观测进行验证，对某些工程不但在施工期间需要实测沉降情况，还应按有关规定进行长期观测。

第二章　钢筋混凝土的性能

1. 钢筋混凝土的应用历史与发展

1854 年法国人通过将钢丝网加入混凝土中做成了一艘小船，成为世界上最早的钢筋混凝土制品。直到 19 世纪末以后，随着生产的发展，试验工作的开展，计算理论的研究，材料及施工技术的改进，钢筋混凝土的应用才得到较快发展。我国在 19 世纪末和 20 世纪初也开始有了钢筋混凝土结构的建筑物，并从 20 世纪 20 年代起才有了较多应用，主要集中在上海和广州。伴随着我国建设工程的发展，混凝土结构在各项工程建设中得到迅速的发展和广泛应用。

20 世纪 50 年代我国的钢筋混凝土房屋结构设计是参照英美和苏联规范，在 1966 年有了第一本《钢筋混凝土结构设计规范》BJG—21—66，后在总结我国工程实践和研究成果的基础上又制定了《钢筋混凝土结构设计规范》TG 10—74。在房屋结构中，钢筋混凝土的应用除现浇外，还有预制装配；除普通钢筋混凝土结构外，还有预应力混凝土结构；混凝土的类型除一般混凝土外，还有泡沫混凝土、加气混凝土、陶粒混凝土、浮石混凝土等。

2. 钢筋混凝土材料特点

混凝土是固、液、气三相并存，各向异性的非均质复合材料，因而是一种易发生裂缝的脆性材料。建筑工程要求混凝土具有密实性、耐久性，并能控制裂缝。

钢筋混凝土是由钢筋和混凝土两种物理力学性能完全不同的材料所组成，混凝土的抗压能力较强而抗拉能力却很弱，而钢材抗拉和抗压能力都很强。为了充分利用材料的性能，使混凝土主要承受压力而钢筋主要承受拉力，并能有效地使两种材料结合在一起共同工作，主要是由于混凝土硬化后钢筋与混凝土这间产生了良好粘结力，使两者可靠地结合在一起，从而保证在外荷载的作用下，钢筋与相邻混凝土能够共同变形；其次，钢筋与混凝土两种材料的温度线膨胀系数非常接近（钢筋为 1.2×10^{-5}；混凝土为 $1.0 \times 10^{-5} \sim 1.5 \times 10^{-5}$）。钢筋混凝土有如下优缺点：

（1）耐久性。在钢筋混凝土结构中，混凝土的强度随时间而增长，且钢筋受混凝土的保护而不易锈蚀，所以钢筋混凝土的耐久性很好。

（2）耐火性。混凝土包在钢筋之外，起着保护作用，若有足够的保护层厚度，就不致因受火灾使钢材很快达到软化的危险温度而造成结构整体破坏，因而钢筋混凝土结构的耐火性较好。

（3）整体性。钢筋混凝土结构，特别是现浇的钢筋混凝土结构，由于整体性好，具有较好的抵抗地震作用、风荷载及强烈爆炸冲击波的性能。

（4）可模性。钢筋混凝土可以根据需要浇制成各种形状和尺寸的结构或构件。

（5）自重大。普通钢筋混凝土结构的自重比钢结构大，对于大跨度结构、高层建筑以及结构的抗震都是不利的。

（6）抗裂性差。钢筋混凝土结构的抗裂性能较差，裂缝是不可避免的，在正常使用时往往带裂缝工作。

（7）费模板和费工。现浇钢筋混凝土结构的建造耗费模板和人力较多，施工受到季节气候条件限制。

3. 混凝土裂缝分类

引起混凝土裂缝的原因很多，但可归结成两大类：

第一类，由外荷载引起的裂缝，也称为结构性裂缝、受力裂缝。其裂缝与荷载有关，预示结构承载力可能不足或存在严重问题。

第二类，由变形引起的裂缝，也称非结构性裂缝，如温度作用、混凝土收缩、地基不均匀沉降等因素引起的变形。当此变形得不到满足，即在结构构件内部产生自应力；当此自应力超过混凝土允许拉应力时，即会引起混凝土裂缝。裂缝一旦出现，变形得到满足或部分得到满足，应力就发生松弛。

两类裂缝有明显的区别，危害程度也不尽相同，有时两类裂缝融合在一起。根据调查资料表明：两类裂缝中，属于变形引起的裂缝占主导，约占结构物总裂缝的80%，其中包括变形与荷载共同作用，但以变形为主所引起的裂缝；属于荷载引起的裂缝约占20%，其中包括变形与荷载共同作用，但以荷载为主所引起的裂缝。

钢筋混凝土结构中常见裂缝及其产生原因有以下几类：

（1）受外荷载作用产生的裂缝

这类裂缝是由外荷载作用，结构次应力引起的裂缝。因为许多结构物的实际工作状态同常规计算模型有出入，例如，壳体计算常用薄膜理论假定，相对壳面误差不大，相对边缘区域误差较大，于是该区域常因弯矩和切力引起裂缝；而弯矩和剪力相对薄膜理论的直接应力来说，称之为次应力。又如，屋架按铰接节点计算，但实际混凝土屋架节点却有显著的弯矩的剪力，它们时常引起节点裂缝，此外的弯矩和剪力称为次应力。还有些常规不计算的外荷载应力，但实际却引起结构裂缝。

（2）由于温度、收缩和膨胀、不均匀沉降等因素产生的裂缝

应特别注意结构由温度、收缩和膨胀、不均匀沉降等因素而引起的裂缝。首先要变形，当变形得不到满足才引起应力，而且应力尚与结构的刚度大小有关。只有当应力超过一定数值才引起裂缝，裂缝出现后变形得到满足或部分满足，同时刚度下降，应力就发生松弛。某些结构虽然材料强度不高，但有良好的韧性，也可适应变形要求，抗裂性能较高，这是区别于荷载裂缝的主要特点。

（3）混凝土收缩产生的裂缝

1）混凝土的重要组成部分是水泥和水，通过水泥和水的水化作用，形成胶结材料，将松散的砂石骨料胶合成为人工石体——混凝土。

混凝土中含有大量空隙、粗孔及毛细孔，这些孔隙中存在水分，水分的活动影响到混

凝土的一系列性质，特别是产生"湿度变形"的性质对裂缝控制有重要作用。混凝土中的水分有化学结合水、物理—化学结合水和物理力学结合水三种。

化学结合水是以严格的定量参加水泥水化的水，它使水泥浆形成结晶固体。化学结合水是强结合的，不参与混凝土与外界湿度交换作用，不引起收缩与膨胀变形，呈微小自生变形。

水泥浆的水化过程是一种物理—化学过程，化学结合水与水泥一起在早期硬化过程中产生少量的收缩，叫做"硬化收缩"，这种收缩还与水泥颗粒的吸附水有关。该收缩亦称自生收缩。

2）当混凝土在应力状态下，由于水的作用，混凝土中的氢氧化碳和空气中的碳酸气体产生化学反应，由此引起"碳化收缩"，这也是一种在一定条件下产生的物理—化学过程。

在工程上，最常遇到的问题是与湿度变化有关的毛细收缩及吸附收缩。其次，由于混凝土的水分蒸发及含湿量的不均匀分布，形成湿度变化梯度（结构的湿度场），引起收缩应力，这也是引起表面开裂的最常见原因之一。

混凝土的体积变形干缩湿胀性质随时间而发展，经过相当长的时间才趋于稳定。水泥用量越大，含水量越高，则收缩变形越高，而且延续时间亦越长。

混凝土的收缩来源于水泥石的收缩，水灰比大，收缩大。为了清楚地表示水泥石的收缩特性，以水灰比为 0.3、0.4 和 0.5 的三组试件，当其含水量变化时的收缩变形如图 2-1 所示。

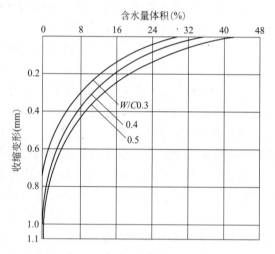

图 2-1　水泥石试件不同水灰比
含量与收缩变形的关系

混凝土硬化过程中由于化学作用引起的收缩，是化学结合水与水泥的化合结果，也称为硬化收缩，这种收缩与外界湿度变化无关。自生收缩可能是正的变形，也可能是负的（膨胀）。普通硅酸盐水泥及大坝水泥混凝土的自生收缩是正的，即为缩小变形；而矿渣水泥的混凝土的自生收缩是负的，即为膨胀变形；掺用粉煤灰的自生收缩也是膨胀变形，尽管自生收缩的变形不大（$0.4 \times 10^{-4} \sim 1.0 \times 10^{-4}$），但是，这对混凝土的抗裂性是有益的。因为矿渣水泥混凝土及掺粉煤灰混凝土的自生膨胀变形是稳定的，所以笔者在工程实践中一直推荐扩大应用范围。

3）混凝土浇筑后 4～15h 左右，水泥水化反应激烈，分子链逐渐形成，出现泌水和水分急剧蒸发现象，引起失水收缩，是在初凝过程中发生的收缩，也称之为凝缩。此时，骨料与胶合料之间也产生不均匀的沉缩变形，都发生在混凝土终凝前，即塑性阶段，故称为塑性收缩。

塑性收缩的量级很大，可达 1% 左右，所以在浇筑大体积混凝土后 4～15h 内，在表面上，特别在养护不良的部位出现龟裂，裂缝无规则，既宽（1～2mm）又密（间距 5～10cm），属表面裂缝。由于浓缩的作用，这些裂缝往往沿钢筋分布。

水灰比过大，水泥用量大，外掺剂保水性差，粗骨料少，用水量大，振捣不良，环境气温高，表面失水大(养护不良及用吸水砖模等)，都能导致塑性收缩，表面开裂。

对于大底板出现的塑性收缩裂缝，除改正上述缺点并加以预防外，一旦出现，可以采取二次压光和二次浇灌层加以平整。

对于地下室外墙，由于厚度较薄，必须采取足够的施工措施(从材料、浇捣至养护等)；否则，塑性收缩对于薄墙引起裂缝的可能性是很大的。

4) 大气中的二氧化碳与水泥的水化物发生化学反应引起的收缩变形，称为碳化收缩。由于各种水化物不同的碱度，结晶水及水分子数量不等，碳化收缩量也大不相同。碳化作用只有在适中的温度，约50%才发生。碳化速度随二氧化碳浓度的增加而加快，碳化收缩与干燥收缩共同作用导致表面开裂和面层碳化。干湿交替作用并在 CO_2 存在的空气中，混凝土收缩更加显著。碳化收缩在一般环境中不作专门的计算，在特定环境中的持久强度与表面裂缝，分析中应当加以考虑。

5) 水泥石在干燥和水湿的环境中要产生干缩和湿胀现象，最大的收缩是发生在第一次干燥后，收缩和膨胀变形是部分可逆的。

混凝土结构的干缩是非常复杂的变形过程，影响混凝土收缩的因素很多，诸如水泥的强度等级、水泥用量、标准磨细度、骨料种类、水灰比、水泥含量、混凝土振动捣实状况、试件截面暴露条件、结构养护方法、配筋数量，经历时间等。以上种种因素不仅仅对收缩产生影响，同时对混凝土另一个重要特性——徐变变形也产生类似影响。所以，我们把混凝土的收缩和徐变一并加以考虑。

6) 在工业与民用建筑的各种现浇钢筋混凝土结构中，经常发现一种早期裂缝，即在浇灌后拆模时发现断断续续的裂缝，裂缝中部较宽、两端较窄，呈梭形。裂缝常出现在结构的变截面处、梁板交接处、梁柱交接处及板肋交接外。

因混凝土的流动性不足或流动过大，硬化前没有沉实或沉实不足或不均就会发生裂缝，这种裂缝是在混凝土浇筑后 1~3h，尚处于塑性阶段，水分大量蒸发，沿着梁上面和地板上面钢筋计位置发生的激烈收缩和不均匀收缩，这种裂缝称为沉缩裂缝，亦称为塑性收缩裂缝，裂缝的深度通常达到钢筋表面。

混凝土的沉缩变形与混凝土的流态有关，中等流态混凝土相对沉缩变形为 $60×10^{-4}$ ~ $100×10^{-4}$，大流态混凝土相对沉缩变形为 $200×10^{-4}$，比收缩大数十倍。可见，流动性大的混凝土，其相对沉缩变形几乎超过普通干缩变形的 30~60 倍，是十分可观的；如不注意，容易引起早期裂缝。许多现浇钢筋混凝土结构都出现过沉缩裂缝。

宝钢某工程的二楼梁板结构，于 1981 年 3 月 26 日浇灌，楼板平面尺寸为 30m×63m，板厚 150mm，梁为 300mm×600mm~300mm×800mm，跨度 6~7.2m，首先浇灌梁，紧接着连续浇灌楼板，初凝期间(浇灌后 1.5~2.5h)发生了沉缩，梁的沉缩大于板的沉缩。4 月 8 日拆模时，在梁板交接处出现了水平裂缝，裂缝宽度为 0.1~0.3mm，经凿开检查，属表面性质。裂缝形式见图 2-2(a)。

北京某重点工程中，箱形基础底板混凝土浇灌后，经过一天时间，发现有塑性沉缩裂缝，其宽度达 0.5~1.5mm，裂缝均沿着钢筋方向，见图 2-2(b)。这种裂缝使钢筋上表面保护层开裂，钢筋下部则出孔隙，影响黏着力。塑性沉缩裂缝通过二次抹面或二次浇灌

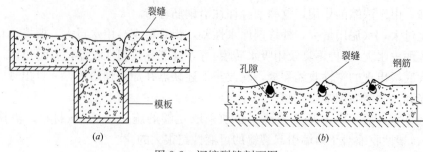

图 2-2　沉缩裂缝剖面图
(a)梁板结构；(b)箱形基础底板

层，得到处理。

由此可见，混凝土的沉缩裂缝与混凝土的沉缩量和流动性有直接关系。遇高低差悬殊的部位而且混凝土的沉缩量大、流动性较小、浇灌速度快，则在变断面处容易出现沿水平方向的沉缩裂缝。有时，在较大截面的中部与靠近模板的边缘部位，出现差异沉缩裂缝。

为了避免塑性沉缩裂缝，应注意：

① 严格控制水灰比，宁可小一些；

② 振捣要密实，振捣时间以 $5\sim15s$/次为宜；

③ 凝固时间不宜过快，柱、墙、深梁与板等变截面结构宜分层次浇灌；

④ 混凝土下料不应太快；

⑤ 注意高温季节给硬化带来的影响，采取适当措施缓凝，炎热气温和日晒能促进混凝土失水；

⑥ 施工中避免遭遇大风袭击，引起剧烈水分蒸发，形成上部和下部或截面中部与边缘部位硬化不均和差异收缩；

⑦ 掺加减水剂和适量的粉煤灰可减少沉缩量，促进工作性和流动性；

⑧ 在混凝土浇灌 $1\sim2h$ 后，对混凝土进行二次振捣，表面拍打振实；

⑨ 避免过长时间的混凝土搅拌。

7) 配制混凝土的原材料选用不当，可能导致混凝土产生裂缝。如水泥的 C_3A 含量高、含碱量高或水泥细度过大，都会使拌合物需水量大，早期水化快，早期水化热集中，导致发生早期水化收缩，处理不当时较易出现塑性收缩裂缝，助长自生干缩裂缝和温差裂缝的发展。如所用水泥温度过高，混凝土拌合物温度也高，特别在夏季极易产生塑性收缩裂缝。骨料的温度也不宜过高，试验数据表明，骨料温度从 30℃降低至 10℃，拌制同样坍落度的混凝土，拌合用水约减少 $20kg/m^3$。温度高的混凝土拌合物水化速度快，坍落度损失大，不利于远距离运送，浇筑后也易产生塑性收缩等裂缝。另外，砂、石含泥量大也是导致早期裂缝的因素，砂、石含泥量每增加 $2\%\sim3\%$，水泥浆体的收缩率增加 $10\%\sim20\%$，同时降低水泥石与骨料的粘结强度，不仅易产生塑性收缩裂缝，且易发展为贯通性有害裂缝。粉煤灰若遇高钙灰，一定要做净浆安定性试验，以避免过多的游离 CaO，造成混凝土因安定性不良而膨胀开裂。

（4）混凝土碳化产生的裂缝

混凝土在水泥水化过程中产生 $Ca(OH)_2$，钢筋周围混凝土孔隙的水是饱和含 $Ca(OH)_2$

的电解质，它的碱性较高，pH 值在 12～14 之间，使钢筋表面生成能阻止钢筋锈蚀作用的钝化膜。混凝土是一种多孔性材料，当空气中的 CO_2 作用到混凝土表面层，通过混凝土的孔隙扩散渗透到内部，使水泥石中的 $Ca(OH)_2$ 与 CO_2 发生化学反应，生成 $CaCO_3$ 和水，降低了混凝土 pH 值，削弱了混凝土对钢筋的碱性保护作用。据有关资料表明，混凝土的 pH 值大于等于 11.5 时，钢筋不会锈蚀；当 pH 值小于 10 时，则混凝土对钢筋失去碱性保护作用，钢筋将产生锈蚀；当 pH 值降低到 9 或以下的混凝土，则称为已碳化的混凝土。

混凝土的 pH 值及碳化速度与下列因素相关：

1) 混凝土有较好的密实性，能防止大气渗入，可减慢混凝土碳化速度。碳化速度取决于混凝土的渗透性和大气中 CO_2 的浓度，混凝土强度等级高，密实性好，碳化速度就慢。

2) 不同的水泥品种，混凝土的碳化速度不一样。火山灰质水泥，由于酸性混合料中所含 SiO_2 较多，在水化过程中会吸收大部分 $Ca(OH)_2$，从而降低了 pH 值；矿渣水泥，因硫化物与石灰形成水化硫酸盐，它与 CO_2 作用时产生硫化氢气体，溶于水后与空气中氧结合生成硫酸，使混凝土的 pH 值降低。矿渣水泥配制的混凝土在一般干燥的环境中，对钢筋的保护作用与普通水泥配制的混凝土差不多，但在潮湿或干湿交替的环境中，因矿渣水泥配制的混凝土孔隙比普通水泥配制的混凝土多 3%～4%，容易吸收水分，因此，矿渣水泥配制的混凝土对钢筋保护作用劣于普通水泥配制的混凝土。

3) 多数引气型外加剂可增加混凝土的含气量，能改善混凝土的和易性，但会增加混凝土的透气性，使硬化后的混凝土容易吸收水分和空气中的 CO_2，从而降低混凝土的 pH 值，影响对钢筋的碱性保护作用。

4) 混凝土构件的不同养护方式直接影响水泥的水化过程，使混凝土中的 pH 值有所不同，对钢筋的碱性保护作用也就不相同。混凝土加热或蒸压养护加速水泥硬化过程，使 $Ca(OH)_2$ 有条件与 SiO_2 更好地结合形成水化硅酸盐，从而降低了 pH 值。蒸压养护混凝土虽然能加速水化反应，增加混凝土强度，但对钢筋的碱性保护作用降低。

5) 混凝土的强度等级高，碳化速度慢，C20 混凝土的抗碳化能力约为 C30 混凝土的 1/2。适当增加混凝土中的水泥用量，可以提高其抗碳化的能力。

6) 混凝土的水灰比与碳化速度呈线性关系，水灰比大，混凝土的碳化就快。

7) 普通混凝土环境相对湿度在 50% 时，混凝土碳化比相对湿度为 25% 或 100% 的环境时要快，混凝土在相对湿度小或饱和的环境中反而难以碳化。

8) 混凝土在炎热气候条件下，比在温和气候时的碳化速度快。

混凝土的碳化从构件的表面开始，逐渐向内部发展，碳化深度随时间增加。据有关资料介绍，室内构件混凝土为 C20，抗碳化年限如表 2-1 所列。在 1992 年，对 C20 混凝土构件碳化深度实测情况为：1958 年前后的构件碳化深度约为 30mm；1965～1974 年的构件碳化深度为 20～25mm。在 1966 年，对 1959 年初建成的某工程混凝土的碳化深度进行了测定，该工程构件采用矿渣水泥配制的 C20 混凝土，构件表面无抹灰层，处在环境相对湿度为 45%～50% 的吊顶内，对各不同部位和构件共进行了 256 个测点，混凝土碳化情况如表 2-2 所列。

抗 碳 化 年 限　　　　　　　　　　　　　　　　表 2-1

保护层厚度(mm)	30		25		20		15		10	
抹灰面层厚度(mm)	10	0	10	0	10	0	10	0	10	0
抗碳化年限(年)	40	30	30	21	21	13	13	7	7	4

某工程混凝土碳化情况　　　　　　　　　　　　表 2-2

碳化深度(mm)	上部梁测点 204 个	上部柱测点 19 个	地下室梁测点 16 个	地下室墙、板测点 17 个
0～5	8.8%	21%	25%	88%
6～10	23%	15.8%	31.3%	12%
11～15	30.5%	26.4%	12.5%	—
16～20	20.5%	21%	12.5%	—
21～25	8.8%	—	18.7%	—
26 以上	8.4%	15.8%	—	—

由于混凝土碳化引起钢筋混凝土构件中的钢筋锈蚀，构件表面开裂出现顺筋裂缝，严重时造成混凝土剥落。这种现象有许多钢筋混凝土露天构件中可以观察到，如阳台或桥梁的栏杆、公园花架、非预应力混凝土电线杆等等。从混凝土碳化现象可以看出，对钢筋混凝土构件不能认为如同天然石结构一样，使用年限长且无需维修。为减缓其碳化，对构件钢筋保护层厚度及采取构件表面有抹灰等饰面应有足够的重视，以保证钢筋混凝土构件的耐久性。

当混凝土被碳化，pH 值降低，钢筋的钝化膜被破坏，在有水分和氧气的条件下，就会发生电化学反应：

$$Fe-2e \rightarrow Fe^{2+}$$

其次，铁离子被溶解进溶液，在阴极发生反应：

$$Fe^{2+}+2OH^- \rightarrow Fe(OH)_2$$

然后，$Fe(OH)_2$ 与水、氧作用：

$$4Fe(OH)_2+O_2+H_2O \rightarrow 4Fe(OH)_3$$

一旦生成 $Fe(OH)_3$，其下面的铁就会成为阴极，促进锈蚀进一步发展。

最后，$Fe(OH)_3$ 一部分失水后生成 FeOOH(氧基氢氧化碳)，一部分因氧气不充分而生成 $Fe_3O_4 \cdot nH_2O$，即在钢表面生成更为疏松的锈层，锈的体积为铁的 2～4 倍。因此，钢筋锈蚀的结果是使混凝土胀裂，保护层脱落，钢筋有效面积减小，从而导致承载力下降，甚至结构破坏。钢筋锈蚀是影响钢筋混凝土结构耐久性的关键问题。

防止钢筋锈蚀最重要的方法是提高混凝土的密实性和增大混凝土保护层厚度，避免保护层过早碳化和钝化膜过早破坏。混凝土的密实性提高后，也可减少混凝土孔隙中的含水量和含氧量，并阻止腐蚀介质的渗入。

混凝土采用不同的粗、细集料，对混凝土的抗碳化性能有不同影响。采用多孔的轻集料可能大大加速混凝土的碳化过程。有研究表明，轻集料混凝土的碳化速度约为普通混凝土的 1.8～2.0 倍。为了保证轻集料混凝土对钢筋的保护作用，一般设计要求比普通钢筋混凝土更厚的保护层。

(5) 混凝土中含有氯盐产生的裂缝

钢筋混凝土构件的混凝土中含有氯盐，其存在的氯离子是钢筋锈蚀的重要原因。钢筋混凝土构件在寒冷地区施工，为降低混凝土的冰点，搅拌混凝土时掺和氯盐（氯化钙、氯化钠），有的地区配制混凝土采用海水、海砂，有的建筑物、构筑物处在海边，使用过程中接触海水或受海水蒸发影响，使构件的混凝土含有或吸收了氯离子，使混凝土高碱性电解质中钢筋表面钝化膜遭到破坏，使钢筋产生锈蚀。

混凝土中氯离子的存在，造成钢筋表面钝化膜局部破坏，使这些部位变成活化区，活化区与钝化区之间产生电位差，这样就在钢筋表面构成了许多微小电池，产生电化学作用。电化学反应为：

$$阳极反应（活化区）：2Fe \rightarrow 2Fe^{2+} + 4e \quad （铁的溶解和放出电子）$$
$$\underline{阴极反应（钝化区）：4e + 2H_2O + O_2 \rightarrow 4OH^- \quad （消耗电子和氧的还原）}$$
$$2Fe + O_2 + 2H_2O \rightarrow 2Fe^{2+} + 4OH \rightarrow 2Fe(OH)_2$$
$$（铁锈）$$

以上反应就是铁变成铁锈的过程。当 $Fe(OH)_2$ 继续被氧化生成 $Fe(OH)_3$，若继续失水就形成水化氧化物 $FeOOH$（红锈），一部分氧化不完的变成 Fe_3O_4（黑锈），在钢筋表面形成锈层。

试验表明，氯离子能活化钢筋表面，使钢筋的电位负向变化，经过一定的潜伏期后钢筋开始锈蚀，含氯离子的浓度越高，潜伏期越短。水和氧是钢筋锈蚀的必要条件，它们均参加阴极反应过程，水还起着电解质的作用，并溶解有害离子而加速钢筋的腐蚀。从理论上说，只要杜绝水和氧的侵入，混凝土中即使含氯离子较高，钢筋也不会腐蚀。但是，由于混凝土是多孔性材料，构件难免存在微裂纹及表面缺陷，水和氧的渗入是难以避免的。

某工程在 1958 年冬期施工时，为防止混凝土受冻，在混凝土中掺加了水泥量 2% 的氯盐（氯化钙和氯化钠各 1%）。从 1963 年开始，部分梁、柱陆续发现因钢筋锈蚀引起的顺筋裂缝。在 1966 年对该工程的梁、柱、基础墙进行了 242 个点剔凿解剖，取混凝土试样对含氯量分析测定，有 165 处剔凿掉钢筋混凝土保护层，观察钢筋锈蚀情况，其结果如表 2-3、表 2-4 所列。

混凝土含盐量测定情况 表 2-3

含盐量为水泥质量的比例（%）	各部位取样数及含盐量的百分比					
	A 区		B 区		C 区	
	取样数	所占（%）	取样数	所占（%）	取样数	所占（%）
1 以下	11	5.9	24	77.5	17	74
1~2	58	30.8	2	6.4	6	26
2~3	70	37.2	1	3.2	—	—
3~4	31	16.5	—	—	—	—
4~5	9	4.8	—	—	—	—
5~6	8	4.3	1	3.2	—	—
6 以上	1	0.5	3	9.7	—	—
合计	188	—	31	—	23	—

钢 筋 锈 蚀 情 况

表 2-4

锈蚀程度	A区		B区		C区	
	梁	柱	梁	柱	梁	基础墙
无锈	26.3%	30%	46.7%	100%	35.7%	55.6%
局部纹锈	17	13.3	40	—	21.5	22.2
纹锈	7.2	—	3.3		7	
局部面锈	7.6	16.7	—	—	21.5	22.2
面锈	35.2	23.3	10		14.3	
局部薄锈皮	6.7	16.7	—	—		

通过对该工程构件解剖取样测试及观察对比表明：

1）混凝土中掺盐量设计要求为水泥重量的 2%，实测结果出入较大，有少数试样含盐量不到 0.5%，多数为 1.5%～3%，个别高达 8.95%。

2）含盐量极不均匀，同一解剖部位，上、中、下相邻取三个试样，化验结果含盐量分别为 2.01%、2.95% 和 3.65%。

3）凡含盐量不超过 2% 的部位，多数不出现顺筋裂缝；含盐量高的部位，顺筋裂缝宽度大，钢筋锈蚀程度比含盐量少的部位严重。

4）凡有顺筋裂缝的梁柱，钢筋必锈蚀，裂缝一出现，其宽度多数在 0.3mm 以上，最大的裂缝宽度达 4～5mm；裂缝越宽，钢筋锈蚀越严重。由此，可根据构件表面有无顺筋裂缝来判断钢筋是否锈蚀。

钢筋锈蚀产生铁锈时，其体积将膨胀 2～4 倍，对周围混凝土挤压力可过 30MPa，因此，混凝土表面必然被胀裂，而且在构件表面如有抹灰、大理石等饰面层，也会出现明显的裂缝。

因混凝土内存在氯离子引起钢筋锈蚀，构件产生顺筋裂缝而不得不进行加固补强处理的工程为数不少。例如，北京工人体育场、北京工人体育馆、中国历史革命博物馆、北戴河某疗养所等建筑物，由于钢筋混凝土构件的混凝土搅拌时掺有氯盐，引起钢筋锈蚀产生顺筋裂缝，相断进行了加固补强处理。湛江油码头工程在 1958 年施工时，因为梁柱的钢筋保护层厚度不足，混凝土密实性较差，海水蒸发，氯盐被掺入混凝土内，引起钢筋严重锈蚀，产生大量顺筋裂缝，有的适成混凝土剥落。在 1966 年凿掉锈蚀钢筋周围混凝土，采用了喷砂除锈喷水泥砂浆进行加固补强。

（6）碱—骨料反应产生的裂缝

自 1940 年发现碱—骨料反应问题以来，世界各国陆续发现很多碱—骨料反应（简称 AAR）对混凝土工程损坏的实例。目前，已经发现 AAR 有三种类型，即碱—硅酸反应（AAR）、碱—碳酸盐反应（ACR）和慢膨胀型碱—硅酸盐反应，对工程损害各有其特点，但至今对其机理尚未完全弄清。

众所周知，混凝土工程发生碱—骨料反应必须具备三个条件：一是混凝土中必须含有相当数量的碱，这里所说的碱是溶于水中能离解出钾、钠离子的物质；二是混凝土骨料中必须有一定数量的能与碱反应的物质，反应产物能吸水膨胀的碱活性岩石或矿物；三是能提供水分的潮湿环境条件。三者缺一，均不会发生碱—骨料反应。

日本从大阪到神户的高速公路经过京都市内的一座大型立交桥，在20世纪80年代发生膨胀开裂，日本人想用隔断水来源的方法控制碱—骨料反应的发展，于是将数千条裂缝均注射环氧树脂，表面又涂两道环氧树脂，完全隔绝了外部水的来源。由于混凝土内部所含水分使AAR继续发展，仅过了一年又开裂，因而国际上有人称碱—骨料反应力混凝土的癌症。

由于AAR是混凝土内部的碱和碱活性骨料在混凝土浇筑成型后，经若干年反应，反应产物积累到一定程度吸水膨胀所致。以国内外碱—骨料反应损坏较多的碱—硅酸反应为例，其反应积累期为10～20年，即混凝土工程建成投入使用10～20年就发生膨胀开裂，进一步发展至整个结构胀长、上拱等损坏。

当碱—骨料反应发展至膨胀开裂时，混凝土的力学性能明显降低，其抗压强度降低40%，弹性模量降低尤为显著。当然在柱和梁等类构件的主筋约束范围内，由碱—骨料反应导致的初期膨胀会产生一定的预应力效应，体现在构件的刚度有所增强，此时可以采取适当的维护加固措施。

碱—碳酸盐反应发展速度更快，一般混凝土工程建成两三年即膨胀开裂，几乎无法修补加固。慢膨胀型碱—硅酸盐反应的积累期较长，一般需40～50年，但当发展到膨胀开裂以后，发展之势就很难控制，也不利于修补加固。

总之，碱—骨料反应的病害因素在混凝土内部，即使采取修补加固措施，由于不能根除病害因素，病害还会继续发展，因而可以认为，AAR是严重影响混凝土耐久性的一种病害。

我国于1953年建设第一个大型水利工程——佛子岭水库时，吴中伟教授建议预防碱—骨料反应，水利部采纳了他的建议。新中国成立后建设了几百座大中型水利工程，尚未发生一起碱—骨料反应损害，这在国际上也是罕见的。而在其他建设部门则没有预防碱—骨料反应的规范。直到1984年制订不掺混合材的硅酸盐水泥标准后，由于这种水泥早期强度发展快，在重点工程和冬期施工工程中应用较多，产量逐年增加，加上随着混凝土技术的发展，单方水泥用量增多，而华北、西北地区生产的水泥含碱量偏高，又使用含碱外加剂。在这种情况下，只要骨料中含有一定量的碱活性成分，就会发生碱—骨料反应病害，因而从20世纪90年代初开始，我国国内陆续出现碱—骨料反应病害的报道。

例如，建成于1984年的北京三元立交桥，1989年发现少量处于潮湿部位的混凝土柱、梁端发生膨胀性开裂，以后逐渐发展，到1993年盖梁已全部顺筋开裂。经取样做成测长试件，在温度38～40℃、湿度＞90%条件下养护，半年残余膨胀率仍高达0.1%～0.2%。

在电子显微镜下做能谱分析的数据显示：有反应边的骨料为高硅质岩石，砂浆中含有一定量的碱，而反应边部位则既有硅又有碱，说明是碱—硅凝胶。

经了解，该桥使用的是具有潜在碱活性的永定河碎卵石，由于冬期赶工，混凝土中又掺用了水泥重量5%的亚硝酸钠。1997年春，已将该桥所有盖梁挑出部分均用混凝土柱支撑加固。

经普查，北京地区的砂、石有四大主要来源：① 西郊永定河水系，含永定河故道金沟河、八宝山；② 北郊温榆河水系；③ 东郊潮白河水系；④ 南口开山采石。三大水系约有200多家砂石场。

选择有代表性的砂石场随机取石样16种（总量2.8t）做膨胀试验，从试验结果可清楚

35

地看出北京三大水系和南口碎石、卵石碱活性概况，结合地质调查资料，可以对北京郊区所产卵石、碎石的碱活性做如下评估：

1）南口碎石含相当数量的活性硅物质，砂浆棒试验膨胀量也较大，具有明显的碱—硅酸反应活性，不宜作水泥混凝土骨料使用。

2）永定河水系（含故道金沟河、八宝山）河卵石 7 个石样中，膨胀量大于 0.1％的有 3 个样品，其余 4 个膨胀量也接近 0.1％。永定河水系所含活性成分为玉髓、微晶石英、波状消光石英等，均具有碱—硅酸反应活性。因此，永定河水系石料应视为对工程有害或潜在可能有害的碱活性骨料。经试验，用永定河产骨料配制混凝土，其安全含碱量限值为 3kg/m³。

3）北郊温榆河水系石料的砂浆棒试验中，6 个月膨胀量为 0.043％～0.044％；东郊潮白河水系石料的砂浆棒试验中，6 个月膨胀量为 0.040％～0.052％。以上属于对工程无害的非碱活性骨料，但由于其中还混有接近三分之一的硅酸质碱活性矿物，在混凝土含碱量很高时，也有可能产生对工程有害膨胀，因此，也不宜配制含碱量高的混凝土。经试验，用温榆河和潮白河产骨料配制混凝土的安全含碱量为 6kg/m³。

关于我国国内碱—骨料反应对混凝土工程损害的报道，除上述北京三元桥外还有许多，如北京朝阳门立交桥、西直门立交桥、丰台体育中心也已发现有程度不同的碱—骨料反应损坏，天津八里台立交桥的碱—骨料反应损坏程度不亚于北京的三元桥。

建成于 1985 年的兖石铁路，其中 188 孔桥梁使用了北京某构件厂产品，该构件采用永定河产砂、石和高碱水泥。1991 年检查时发现 90％以上的梁出现程度不同的膨胀裂缝，原铁道部采取将每年新出现的裂缝注射环氧树脂封闭的方法，以维持铁路运营。此外，还有铁路轨枕由于碱—骨料反应而遭受不同程度的损坏。

碱—骨料反应是一种世界范围的混凝土严重病害，许多国家因碱—骨料反应病害不得不拆除大坝、桥梁、海堤以及学校、住宅等建筑，造成了巨大的经济损失，于是均针对本国骨料活性情况采取了有效的预防措施。

预防碱—骨料反应对混凝土工程的损害，最好的方法就是在配制混凝土时使混凝土不含碱—骨料反应因素。这里，首先必须了解当地配制混凝土的骨料是否有碱活性以及活性情况，以便根据本地区骨料碱活性情况采取措施。现在，我国正处于建设高潮时期，如果不重视碱—骨料反应的预防工作，则在有碱活性骨料的地区，将存在着严重的碱—骨料反应隐患。若干年后，将造成国家和投资者难以估量的损失。

当前，建筑、市政部门除应尽快完善预防碱—骨料反应的规范、标准外，还应进行广泛的宣传，尽早引起设计、施工、监理、技术监督部门直到地方主管部门对预防碱—骨料反应的关切和充分重视。

建筑结构一般处于较干燥的环境，碱—骨料反应不明显。但是，对露天结构及处于潮湿环境的结构，应高度重视碱—骨料反应可能造成的损坏。

4. 混凝土裂缝的检测鉴定

（1）结构鉴定中对裂缝的调查，主要包括裂缝的宽度、深度、长度、走向、形态、分布特征、是否稳定等内容。

测量裂缝宽度常用裂缝比对卡或读数显微镜。裂缝比对卡上面印有粗细不等、标注着宽度值的平行线条(图2-3);将其覆盖于裂缝上,可比较出裂缝的宽度。这种方法简便、快速,适用于各种环境条件。读数显微镜是配有刻度和游标的光学透镜,从镜中看到的是放大的裂缝,通过调节游标读出裂缝宽度。

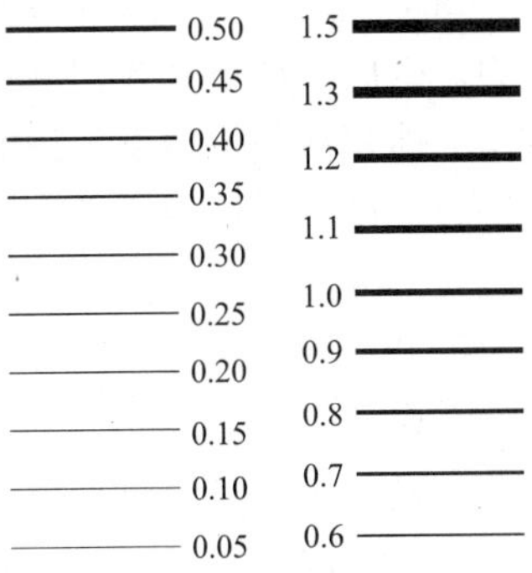

一般来说,沿裂缝长度其裂缝宽度往往不均匀,工程鉴定关注的是特定位置的最大裂缝宽度。限制裂缝宽度的主要目的,是防止侵蚀性介质渗入而导致钢筋锈蚀。因此,测量裂缝宽度的位置应在受力主筋附近;如测量梁的弯曲裂缝,应在梁受拉侧主筋高度处。裂缝深度检测可采用凿开法或超声波检测。采用凿开法检查前,先向缝中注入有色墨水,则易于辨认细小裂缝。超声波检测裂缝深度有三种方法,即平测法、斜测法和钻孔对测法。

图2-3 裂缝宽度比对卡

构件上出现裂缝后,首先应判定裂缝是否趋于稳定,裂缝是否有害;然后,根据裂缝特征判定裂缝产生的原因,并考虑修补措施。

(2)裂缝形状及其特点

1)裂缝按其形状,分为表面形、贯穿形、纵向形、横向形、上宽下窄形、下宽上窄形、枣核形、对角线形、斜向形、外宽内窄形和纵深形$\left(\text{尝试达}\frac{1}{2}\text{厚度}\right)$等等。裂缝形状与结构受力状态有直接关系。一般裂缝的方向同主拉应力方向垂直,但在砌块结构中和结构物的变截面处,剪应力可能同裂缝平行(纯剪裂缝)。

同一条裂缝上的裂缝宽度是不均匀的,控制裂缝宽度是指较宽区段的平均宽度。所谓较宽区段,指该裂缝长度10%~15%的范围。这样确定的平均裂缝宽度为该裂缝的最大宽度,以δ_{max}表示;同样,可在裂缝长度的10%~15%较窄区段内,确定平均宽度为最小的裂缝宽度,以δ_{min}表示;在最大及最小之间有平均裂缝宽度,以δ_f表示(为最大与最小的平均值)。

2)裂缝分为愈合类型、闭合类型、运动类型、稳定类型及不稳定类型等。地下防水工程或其他防水结构,在水压头不高(水位在10m以下)的情况下,产生0.1~0.2mm的裂缝时,开始有些渗漏,水通过裂缝同水泥结合,形成氢氧化钙,深度不断增加,生成胶凝物质胶合了裂缝。此外,氢氧化钙与空气中水分带入的二氧化碳结合,发生碳化,形成白色碳酸钙结晶,使原裂缝被封闭,裂缝仍然存在,但渗漏停止,这种现象称为裂缝的自愈现象。这种裂缝不影响持久应用,属于稳定类型。

结构的初始裂缝,在后期荷载作用时,有可能在压应力作用下闭合,裂缝仍然存在,但是稳定的。

3)地下工程的设计中,以水头压力为防水要求,如P6或P8,即耐水头压力6个大气压或8个大气压。相对地下工程所采用的大体积混凝土厚度,最薄者400~500mm,厚者可达3000~5000mm,其抗渗能力是相当高的。C25以上的混凝土达到正常质量标准者,可自然满足P8的要求。实际上,厚度对混凝土的防水有显著影响,如地下五层,防水要求最大允许渗透系数(水头15m,取最小壁厚100mm)为1.7×10^{-9},当厚度增加至

500mm，允许的最大渗透系数可达 4.25×10^{-8}，即增加 25 倍，可见大体积混凝土的防水能力。因此，地下大体积混凝土采用自防水，取消外防水的作法完全可行，宝钢数百万立方米大体积混凝土地下工程实践证明了这一点。C20～C30 普通混凝土具有 P6～P12 的抗渗等级，过高的抗渗要求导致过大水泥用量，对裂缝控制不利。

4) 混凝土微裂缝是肉眼不可见的。肉眼可见裂缝范围一般以 0.05mm 为界（实际最佳视力可见 0.02mm），大于等于 0.05mm 的裂缝称为"宏观裂缝"。宏观裂缝是微观裂缝扩展的结果。

一般工业及民用建筑中，宽度小于 0.05mm 的裂缝对使用（防水、防腐、承重）都无危险性，故假定具有小于 0.05mm 裂缝的结构为无裂缝结构。所谓不允许裂缝设计，也只能是相对的、无大于 0.05mm 初始裂缝的结构。

可以认为，混凝土有裂缝是绝对的，无裂缝是相对的，所谓结构的抗裂质量只是把裂缝控制在一定的范围内而已。近代对混凝土亚微观的研究认为：微裂的扩展程度就是材料破损程度的标志；同时，微裂的存在也是材料本身固有的一种物理性质。

5) 现浇钢筋混凝土板的裂缝产生的原因较多，裂缝形状各异，在房屋建筑中普遍存在。

① 挑檐、遮阳板、外廊等悬挑板裂缝。这些构件裂缝有两类：一是由于纵向受力钢筋施工时被踩，位置下移，截面有效高度减小，或超载所造成的垂直于纵向钢筋挑板根部的受力裂缝，这类裂缝一旦出现，宽度较大，是影响承载力的受力裂缝，有的工程挑檐、阳台因纵向钢筋严重移位，在拆模时造成倾覆破坏；二是由于温度影响产生平行于纵向钢筋的胀缩裂缝，其宽度随外挑长度和结构单元长度的不同而不等，几乎所有这些构件中到处可见这类裂缝，在冬夏温差大的地区房层中更为突出。

② 大跨度（长向 7m 以上）双向板裂缝。其一是板底不规则裂缝，这类裂缝由于冬期施工养护条件差，拆模板过早，尤其寒冷地区没有保温施工措施，出现不规则收缩裂缝；其二是因酷热夏天施工，浇灌混凝土后没有及时喷水养护，板面混凝土脱水过快，出现板面的不规则收缩裂缝。这类裂缝较细，有的不仔细看则不易发现。

③ 建筑物平面长度较大，没有采取留施工后浇缝等措施，施工时因混凝土硬化收缩或使用过程中温度影响，楼板产生裂缝。这类裂缝在楼梯间、大洞口、平面变截面以及平面的沿长方向中部更为明显，尤其这些部位的屋顶板裂缝将在板和梁中同时出现，而且裂缝宽度较其他层大。

值得注意的是，地处我国北方地区的钢筋混凝土结构房屋，由于冬季与夏季的温差很大，在施工期间，夏季浇灌构件混凝土，入冬后尚未完成建筑的围护结构，使结构处于外露状态，造成梁板因温度影响产生裂缝。

6) 裂缝是否趋于稳定可根据下列观测和计算判定：

① 观测。定期对裂缝宽度、长度进行观测、记录。观测的方法可在裂缝的个别区段及裂缝顶端涂覆石膏，用读数放大镜读出裂缝宽度。如果在相当长时间内石膏没有开裂，则说明裂缝已经稳定。但有些裂缝是随时间和环境变化的，如贯穿温度裂缝在冬天宽度增大，夏天宽度缩小，收缩裂缝初期发展快，1～2 年后基本稳定，这些裂缝的变化都属于正常现象。所谓不稳定裂缝，主要是指随时间持续不断增大的荷载裂缝、沉降裂缝等。

② 计算。对适筋梁，钢筋应力 σ_s 是影响裂缝宽度的主要因素。因此，可以通过对钢

筋应力的计算来判定裂缝是否稳定。如果钢筋应力小于 $0.8f_y$（f_y 为钢筋强度设计值），裂缝处于稳定状态。

7）结构上的任何裂缝及变形缝，在周期性温差和周期性反复荷载作用下产生周期性的扩展和闭合，称为裂缝的运动，但这是稳定的运动。许多防水工程冬季渗漏、夏季停止，就是这种道理。有些裂缝产生不稳定性的扩展，视其扩展部位考虑加固措施。

根据国内外设计规范及有关试验资料，混凝土最大裂缝宽度的控制标准大致如下：

① 无侵蚀介质，无防渗要求，0.3～0.4mm；

② 轻微侵蚀，无防渗要求，0.2～0.3mm；

③ 严重侵蚀，有防渗要求，0.1～0.2mm。

上述标准是设计上和检验上的控制范围，在工程实践中，有一些结构物带有数毫米宽的裂缝工作，但多年并无破坏危险。如冶金建筑中的各种受热结构、各种大型特种结构及设备基础等，一段均存在大量裂缝，欲完全控制裂缝不出现是不可能的，主要根据裂缝的部位、所处环境、配筋情况及结构形式，进行具体分析，作出判断。根据实际结构物的裂缝处理经验，认为规范中限制的裂缝宽度应当根据具体条件加以放宽，例如大量性的表面裂缝。如果经分析由变形作用引起，其宽度不受限制，只需做表面封闭处理即可。

一般情况下，在由变形变化引起裂缝的工程中，超静定结构占多数，裂得较严重，如刚架、特构、组合结构等。但是，这类结构的承载能力方面具有较大的安全度，有良好的韧性，能适应较大的变形而不致出现倒塌性破坏，所以在处理质量问题时，可根据裂缝出现后应力衰减等的具体情况放宽控制范围。在基本建筑工程中，控制裂缝宽度的质量标准应加以改进，在目前阶段一般可采取既保证质量又保证效率的控制方法。

5. 混凝土裂缝的控制措施

（1）混凝土构件裂缝不可避免

混凝土结构的裂缝是不能避免的，不可能消灭裂缝，只能控制裂缝，允许无害裂缝的存在，要求不出现和少出现有害裂缝，并把无害裂缝减少到最低限度。

建筑结构的钢筋混凝土构件的裂缝和钢筋锈蚀直接影响结构的耐久性。我国混凝土结构耐久性问题十分严重，不仅影响到经济合理的使用寿命，许多结构的安全性也受到威胁。许多混凝土结构，包括房屋、桥梁、道路、隧道等，在建期间或建成不久出现可见裂缝。一些国家的资料表明，钢筋混凝土腐蚀对经济的直接影响，占国民经济总产值（GDP）的 3%～5%。

混凝土中钢筋锈蚀是因为钢筋钝化膜被破坏，钝化膜破坏机理有下列两种：

1）混凝土的碳化；

2）氯化物的侵入。

大量试验研究表明：

1）对于表面只有浮锈的钢筋，当其截面损失小于 1% 时，钢筋的应力—应变曲线以及钢筋的抗拉强度、屈服强度与母材相同。

2）对于截面面积损失小于 5% 且均匀锈蚀的弱腐蚀钢筋，热轧钢筋的应力—应变曲线仍具有明显的屈服点。有的文献介绍，钢筋腐蚀损失 1.2%、2.4% 和 5% 时，板的承载能力分别下降为 8％、17％和 25％。

3）对于截面面积损失 5％～10％的钢筋，由于腐蚀不均匀，钢筋屈服强度、抗拉强度及延伸率开始下降。

4）对于截面面积损失大小 10％但小于 60％的严重腐蚀钢筋，其屈服点已不明显，延伸率也小于规范规定的最小允许值。因此，钢筋截面损失率已大于 10％的构件，宜更换或彻底加固，并做耐久性处理。

当裂缝已影响到或可能发展到影响结构性能、使用功能或耐久性时，称为有害裂缝。不少情况下，混凝土出现的可见裂缝对结构性能、使用功能或耐久性等不会有大的影响，只是影响结构的外观，对这些裂缝称为无害裂缝。虽称为无害裂缝，但也反映了在原材料、配合比和施工过程中或在设计中存在某些缺陷，也应予以关注和改进。

（2）设计中首先应控制混凝土裂缝

1）设计不仅考虑结构的承载力，还应考虑由于温度变化、收缩作用及地基变形等引起的结构变形，尤其是大体积混凝土早期的收缩裂缝。在设计中应注意取用适当的混凝土强度等级，避免选用强度等级过高的混凝土，因为混凝土强度越高水泥用量多，现在商品混凝土为运输和泵送浇筑，混凝土的水胶灰比和坍落度大，在现浇构件中普遍出现可见裂缝。因此，为控制裂缝，楼盖的板、梁及地下室外墙的混凝土强度等级宜低不宜高，宜采用 C30，不宜大于 C35，基础构件混凝土强度等级不宜大于 C40。

2）在钢筋混凝土构件中，为防止钢筋锈蚀产生顺筋裂缝，应采取以下措施：

① 选用有利于减缓混凝土碳化速度的水泥品种，如普通硅酸盐水泥。

② 保证混凝土的密实性，主要结构构件的混凝土强度等级不应低于 C20，重要构件及外露构件的混凝土强度等级宜选用更高一些；同时，在施工浇灌混凝土时必须振捣密实。值得注意的是，混凝土强度等级过高，也容易引起过大的收缩裂缝。

③ 钢筋混凝土构件钢筋保护层厚度必须满足规范的要求，在有害介质、干湿交替的环境中，应加厚钢筋保护层厚度，或在构件表面采用抹灰等外饰面。

④ 钢筋混凝土构件的混凝土拌制时，不得掺加氯盐，不得采用海砂、海水拌制混凝土，也不得采用会引起钢筋锈蚀或加速混凝土碳化的外加剂。

⑤ 在工业用电，特别是用直流电的房间中，应防止电流漏泄到钢筋混凝土构件中去。

3）为控制或减轻钢筋混凝土梁板的胀缩裂缝，应采取以下措施：

① 屋面及外墙面设置有效的保温隔热措施，是防止或减小梁板受温度影响胀缩裂缝的主要途径。

② 跨度较大、截面较高的非预应力混凝土大梁，腰筋满足规范的规定外，直径宜适当加大，间距适当加密。

③ 平面楼层每隔 30m 左右设置施工后浇带（见图 2-4），待一个月后采用比设计强度等级提高一级的无收缩混凝土（采用硫铝酸盐水泥或加产生自应力的外加剂配制）灌填严实，并加强养护。

④ 外露的挑檐、雨罩、阳台、挑廊等结构，每隔 10～15m 留一道伸缩缝，位置宜在柱子处，宽度 10mm。挑檐、雨罩如采用卷材防水，在伸缩处或连通铺设；当刚性防水时，则应同阳台、挑廊一样，采用防水密封胶嵌缝（见图 2-5）。这些构件的分布钢筋直径宜适当加大，间距加密。

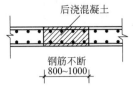

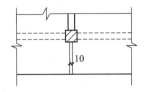

图 2-4　施工中的后浇带　　　　　图 2-5　预留伸缩缝

⑤ 厚度大于 160mm 的大跨度现浇板，单向板的分布钢筋直径宜适当加大，间距加密；双向板宜增设跨中上部钢筋，可将支座上钢筋的 1/3 拉通，或另设 φ8@200 双向防裂网，与板支座上钢筋按搭接长度。施工中浇灌混凝土后应加强养护。

(3)《混凝土结构设计规范》GB 50010—2010(简称《混凝土规范》)有关裂缝的规定

1) 结构构件正截面的受力裂缝控制等级分为三级，等级划分及要求应符合下列规定：

一级——严格要求不出现裂缝的构件，按荷载标准组合计算时，构件受拉边缘混凝土不应产生拉应力。

二级——一般要求不出现裂缝的构件，按荷载标准组合计算时，构件受拉边缘混凝土拉应力不应大于混凝土抗拉强度的标准值。

三级——允许出现裂缝的构件：对钢筋混凝土构件，按荷载准永久组合并考虑长期作用影响计算时，构件的最大裂缝宽度不应超过本规范表 2-5 规定的最大裂缝宽度限值。对预应力混凝土构件，按荷载标准组合并考虑长期作用的影响计算时，构件的最大裂缝宽度不应超过本规范第 2) 条规定的最大裂缝宽度限值；对二 a 类环境的预应力混凝土构件，尚应按荷载准永久组合计算，且构件受拉边缘混凝土的拉应力不应大于混凝土的抗拉强度标准值。

2) 结构构件应根据结构类型和本规范第 4) 条规定的环境类别，按表 2-5 的规定选用不同的裂缝控制等级及最大裂缝宽度限值 w_{lim}。

结构构件的裂缝控制等级及最大裂缝宽度的限值(mm)　　　　　表 2-5

环境类别	钢筋混凝土结构		预应力混凝土结构	
	裂缝控制等级	w_{lim}	裂缝控制等级	w_{lim}
一	三级	0.30(0.40)	三级	0.20
二 a		0.20		0.10
二 b			二级	—
三 a、三 b			一级	—

注：1. 对处于年平均相对湿度小于 60% 地区一类环境下的受弯构件，其最大裂缝宽度限值可采用括号内的数值；

2. 在一类环境下，对钢筋混凝土屋架、托架及需做疲劳验算的吊车梁，其最大裂缝宽度限值应取为 0.20mm；对钢筋混凝土屋面梁和托梁，其最大裂缝宽度限值应取为 0.30mm；

3. 在一类环境下，对预应力混凝土屋架、托架及双向板体系，应按二级裂缝控制等级进行验算；对一类环境下的预应力混凝土屋面梁、托梁、单向板，应按表中二 a 类环境的要求进行验算；在一类和二 a 类环境下需做疲劳验算的预应力混凝土吊车梁，应按裂缝控制等级不低于二级的构件进行验算；

4. 表中规定的预应力混凝土构件的裂缝控制等级和最大裂缝宽度限值仅适用于正截面的验算；预应力混凝土构件的斜截面裂缝控制验算应符合本规范第 7 章的有关规定；

5. 对于烟囱、筒仓和处于液体压力下的结构，其裂缝控制要求应符合专门标准的有关规定；

6. 对于处于四、五类环境下的结构构件，其裂缝控制要求应符合专门标准的有关规定；

7. 表中的最大裂缝宽度限值为用于验算荷载作用引起的最大裂缝宽度。

　　3) 混凝土结构应根据设计使用年限和环境类别进行耐久性设计，耐久性设计包括下列内容：

　　① 确定结构所处的环境类别；

　　② 提出对混凝土材料的耐久性基本要求；

　　③ 确定构件中钢筋的混凝土保护层厚度；

　　④ 不同环境条件下的耐久性技术措施；

　　⑤ 提出结构使用阶段的检测与维护要求。

　　注：对临时性的混凝土结构，可不考虑混凝土的耐久性要求。

　　4) 混凝土结构暴露的环境类别应按表 2-6 的要求划分。

混凝土结构暴露的环境类别　　　　　　　　　　　　表 2-6

环境类别	条　　件
一	室内干燥环境； 无侵蚀性静水浸没环境
二 a	室内潮湿环境； 非严寒和非寒冷地区的露天环境； 非严寒和非寒冷地区与无侵蚀性的水或土壤直接接触的环境； 严寒和寒冷地区的冰冻线以下与无侵蚀性的水或土壤直接接触的环境
二 b	干湿交替环境； 水位频繁变动环境； 严寒和寒冷地区的露天环境； 严寒和寒冷地区冰冻线以上与无侵蚀性的水或土壤直接接触的环境
三 a	严寒和寒冷地区冬季水位变动区环境； 受除冰盐影响环境； 海风环境
三 b	盐渍土环境； 受除冰盐作用环境； 海岸环境
四	海水环境
五	受人为或自然的侵蚀性物质影响的环境

　　注：1. 室内潮湿环境是指构件表面经常处于结露或湿润状态的环境；

　　　　2. 严寒和寒冷地区的划分应符合现行国家标准《民用建筑热工设计规范》GB 50176 的有关规定；

　　　　3. 海岸环境和海风环境宜根据当地情况，考虑主导风向及结构所处迎风、背风部位等因素的影响，由调查研究和工程经验确定；

　　　　4. 受除冰盐影响环境是指受到除冰盐盐雾影响的环境；受除冰盐作用环境是指被除冰盐溶液测射的环境以及使用除冰盐地区的洗车房、停车楼等建筑；

　　　　5. 暴露的环境是指混凝土结构表面所处的环境。

　　5) 设计使用年限为 50 年的混凝土结构，其混凝土材料宜符合表 2-7 的规定。

结构混凝土材料的耐久性基本要求　　　　　表 2-7

环境等级	最大水胶比	最低强度等级	最大氯离子含量(%)	最大碱含量(km/m³)
一	0.60	C20	0.30	不限制
二 a	0.55	C25	0.20	
二 b	0.50(0.55)	C30(C25)	0.15	
三 a	0.45(0.50)	C35(C30)	0.15	3.0
三 b	0.40	C40	0.10	

注：1. 氯离子含量系指其占胶凝材料总量的百分比；

　　2. 预应力构件混凝土中的最大氯离子含量为 0.05%；其最低混凝土强度等级宜按表中的规定提高两个等级；

　　3. 素混凝土构件的水胶比及量低强度等级的要求可适当放松；

　　4. 有可靠工程经验时，二类环境中的最低混凝土强度等级可降低一个等级；

　　5. 处于严寒和寒冷地区二 b、三 a 类环境中的混凝土应使用引气剂，并可采用括号中的有关参数；

　　6. 当使用非碱活性骨料时，对混凝土中的碱含量可不作限制。

6）混凝土结构及构件尚应采取下列耐久性技术措施：

① 预应力混凝土结构中的预应力筋应根据具体情况采取表面防护、孔道灌浆、加大混凝土保护层厚度等措施，外露的锚固端应采取封锚和混凝土表面处理等有效措施；

② 有抗渗要求的混凝土结构，混凝土的抗渗等级应符合有关标准的要求；

③ 严寒及寒冷地区的潮湿环境中，结构混凝土应满足抗冻要求，混凝土抗冻等级应符合有关标准的要求；

④ 处于二、三类环境中的悬臂构件宜采用悬臂梁—板的结构形式，或在其上表面增设防护层；

⑤ 处于二、三类环境中的结构构件，其表面的预埋件、吊钩、连接件等金属部件应采取可靠的防锈措施，对于后张预应力混凝土外露金属锚具，其防护要求见《混凝土规范》第 10.3.13 条；

⑥ 处在三类环境中的混凝土结构构件，可采用阻锈剂、环氧树脂涂层钢筋或其他具有耐腐蚀性能的钢筋、采取阴极保护措施或采用可更换的构件等措施。

7）一类环境中，设计使用年限为 100 年的混凝土结构应符合下列规定：

① 钢筋混凝土结构的最低强度等级为 C30；预应力混凝土结构的最低强度等级为 C40；

② 混凝土中的最大氯离子含量为 0.06%；

③ 宜使用非碱活性骨料，当使用碱活性骨料时，混凝土中的最大碱含量为 3.0kg/m³；

④ 混凝土保护层厚度应符合《混凝土规范》第 8.2.2 条的规定；当采取有效的表面防护措施时，混凝土保护层厚度可适当减小。

8）二、三类环境中，设计使用年限 100 年的混凝土结构应采取专门的有效措施。

9）耐久性环境类别为四类和五类的混凝土结构，其耐久性要求应符合有关标准的规定。

10）混凝土结构在设计使用年限内尚应遵守下列规定：

① 建立定期检测、维修制度；

② 设计中可更换的混凝土构件应按规定更换；

③ 构件表面的防护层，应按规定维护或更换；

④ 结构出现可见的耐久性缺陷时，应及时进行处理。

11) 构件中普通钢筋及预应力筋的混凝土保护层应满足下列要求：

① 结构中最外层钢筋的混凝土保护层厚度（钢筋外边缘至混凝土表面的距离）应不小于钢筋的公称直径。

② 设计保用年限为 50 年的混凝土结构，其保护层厚度尚应符合表 2-8 的规定。设计使用年限为 100 年的混凝土结构，其最外层钢筋的混凝土保护层厚度应不小于表 2-8 数值的 1.4 倍。

混凝土保护层的最小厚度 c（mm）　　　　　　　　　表 2-8

环境类别	板、墙、壳	梁、柱、杆
一	15	20
二 a	20	25
二 b	25	35
三 a	30	40
三 b	40	50

注：1. 混凝土强度等级不大于 C25 时，表中保护层厚度数值应增加 5mm；

　　2. 钢筋混凝土基础宜设置混凝土垫层，基础中钢筋的混凝土保护层厚度应从垫层顶面算起，且不应小于 40mm。

12) 当有充分依据并采取下列措施时，可适当减小混凝土保护层的厚度。

① 构件表面有可靠的防护层；

② 采用工厂化生产的预制构件；

③ 在混凝土中掺加阻锈剂或采用阴极保护处理等防锈措施；

④ 当对地下室墙体采取可靠的建筑防水做法或防护措施时，与土层接触一侧钢筋的保护层厚度可适当减小，但不应小于 25mm。

（4）混凝土材料的选用

应选用有利于混凝土抗拉性能（强度及极限拉伸）的级配，如精选砂石骨料确保中、粗砂的粒径，严格控制含泥量及粉料含量。同时应特别注意选择对收缩变形及水化热影响较小的外加剂及掺合料，对于常规混凝土尽可能采用普通减水剂或中效减水剂，对于高强及高性能混凝土宜采用高减水剂。混凝土的抗压强度不要留过多的余地，大体积混凝土尽可能利用 60d 或 90d 强度。为此《高层建筑混凝土结构技术规程》JGJ 3—2010（简称《高规》）第 12.1.11 条规定，基础及地下室的外墙、底板，当采用粉煤灰混凝土时，可采用 60d 或 90d 龄期的强度指标作为其混凝土设计强度。

（5）施工管理

大体积混凝土的养护工作十分重要，应根据季节和环境不同，在施工过程中注意保温保湿的养护措施，特别是早期养护，如花管淋水（夏季重点）、塑料薄膜覆盖、草袋保温（冬季重点）和有效的养护剂，尽早执行（浇灌后约 6h），浇灌后 1～3h 进行两次抹压。现场严格控制混凝土的水灰比及坍落度，注意振捣质量，不得过振，也不得超振，不应现场加水，不得在雨中浇灌混凝土，注意现场防风及太阳直射。

第三章 大体积混凝土跳仓法施工

1. 有关规定和意义

国家标准《大体积混凝土施工规范》GB 50496—2009 第 5.1.4 条规定，对超长大体积混凝土施工，为控制结构不出现有害裂缝，可采用跳仓法施工，跳仓的最大分块尺寸不宜大于 40m，跳仓间隔施工的时间不宜小于 7d，跳仓接缝处应按施工缝的要求设置和处理。北京地方标准《超长大体积混凝土结构跳仓法技术规程》DB11/T 1200—2015 是国家标准《大体积混凝土施工规范》GB 50496—2009 的补充和延伸，该规程有大体积混凝土跳仓法施工的内容规定，还有有关结构采用跳仓法施工时设计相关的内容。

大体积混凝土采用跳仓法施工的意义：在大体积混凝土工程施工中，在早期温度收缩应力较大的阶段，将超长的混凝土块体分为若干小块体间隔施工，经过短期的应力释放，在后期收缩应力较小的阶段再将若干小块体连成整体，依靠混凝土抗拉强度抵抗下一阶段的温度收缩应力，实现以施工间隔缝取代混凝土后浇带的施土方法。

2. 基本规定

超长大体积混凝土结构采用跳仓法施工时，应根据《超长大体积混凝土结构跳仓法技术规程》和工程结构设计图纸编制施工技术方案。跳仓法施工的工程，设计和施工除应满足有关的规范及混凝土搅拌生产工艺的要求外，尚应符合下列要求：

（1）大体积混凝土的设计强度等级宜为 C25～C40，可采用 60d 或 90d 龄期的强度指标，以此为混凝土配合比设计、混凝土强度评定及工程验收的依据；

（2）大体积混凝土的结构配筋除应满足结构承载力和设计构造要求外，还应结合大体积混凝土的施工方法配置控制因温度和收缩可能产生裂缝的构造钢筋；

（3）设计中宜采取减少大体积混凝土外部约束的技术措施；

（4）非桩基的大体积混凝土基础结构置在硬质岩石类地基上时，宜在混凝土垫层上设置滑动层；

（5）施工技术方案中宜根据工程情况提出温度场和应变的相关测试要求。

超长大体积混凝土工程跳仓法施工前，应对施工阶段大体积混凝土浇筑体的温度、温度应力及收缩应力进行试算，并确定施工阶段大体积混凝土浇筑体的温升峰值、里表温差及降温速率的控制指标，制定相应温控技术措施。其目的是为了确定温控指标(温升峰值、里表温差、降温速率、混凝土表面与大气温差)及制定温控施工的技术措施(包括混凝土原材料的选择、混凝土拌制、运输过程及混凝土养护的降温和保温措施，温度监测方法等)，以防止或控制有害裂缝的发生，确保施工质量。

（6）大体积混凝土施工前，必须了解掌握气候变化，并尽量避开恶劣气候的影响。遇大雨、大雾等天气，若无良好的防雨雪措施，就会影响混凝土的质量。高温天气如不采取遮阳降温措施，骨料的高温会直接影响混凝土拌合物的出罐温度和入模温度，而在寒冷季节施工会增加保温保湿养护措施的费用，并给温控带来困难。所以，与当地气象台站联系，掌握近期的气象情况，避开恶劣气候的影响十分重要。温控指标应符合下列规定：

1）混凝土浇筑体在入模温度不宜大于 32℃；

2）混凝土浇筑体的里表温差（不含混凝土收缩的当量温度）不宜大于 25℃；

3）混凝土浇筑体中心部位的降温速率不宜大于 2.0℃/d；

4）混凝土浇筑体表面与大气温差不应大于 20℃。

大体积混凝土跳仓法施工前，应做好各项施工准备工作，并与当地气象台、站联系，掌握近期气象情况。必要时，应增添相应的技术措施，在冬期施工时，尚应符合国家现行有关混凝土冬期施工的标准。

3. 跳仓法取代后浇带的原理

跳仓法施工的原理是基于"混凝土的开裂是一个涉及设计、施工、材料、环境及管理等的综合性问题，必须采取'抗'与'放'相结合的综合措施来预防"。"跳仓施工方法"虽然叫"跳仓法"，但同时注意的是"抗"与"放"两个方面。

"放"的原理是基于目前在工业与民用建筑混凝土结构中，胶凝材料（水泥）水化放热速率较快，1～3d 达到峰值，以后迅速下降，经过 7～14d 接近环境温度的特点，通过对现场施工进度、流水、场地的合理安排，先将超长结构划分为若干仓，相邻仓混凝土需要间隔 7d 后才能浇筑相连，通过跳仓间隔释放混凝土前期大部分温度变形与干燥收缩变形引起的约束应力。"放"的措施还包括初凝后多次细致的压光抹平，消除混凝土塑性阶段由大数量级的塑性收缩而产生的原始缺陷；浇筑后及时保温、保湿养护，让混凝土缓慢降温、缓慢干燥，从而利用混凝土的松弛性能，减小叠加应力。

"抗"的基本原则是在不增加胶凝材料用量的基础上，尽量提高混凝土的抗拉强度，主要从控制混凝土原材料性能、优化混凝土配合比入手，包括控制骨料粒径、级配与含泥量，尽量减小胶凝材料用量与用水量，控制混凝土入模温度与入模坍落度，以及混凝土"好好打"保证混凝土的均质密实等方面。"抗"的措施还包括加强构造配筋，尤其是板角处的放射筋与大梁中的腰筋。结构整体封仓后，以混凝土本身的抗拉强度抵抗后期的收缩应力，整个过程"先放后抗"，最后"以抗为主"。从约束收缩公式分析中，可得混凝土结构中的变形应力并不是随结构长度或约束情况而线性变化的，其最大值最后总是趋近于某一极值，若混凝土的抗拉强度能尽量贴近这一值，则可极大地减小开裂。同时可看出最大应力总是与结构的降温幅度成正比（干燥收缩也等效为等量降温），故提高抗拉强度不能以增加水化热温升或干燥收缩为前提。

4. 材料、配比、制备及运输

（1）一般规定

1）跳仓法施工混凝土配合比的设计除应符合工程设计所规定的强度等级、耐久性、抗渗性、体积稳定性等要求外，尚应符合大体积混凝土施工工艺特性的要求，并应符合合理使用材料、减少水泥用量、降低混凝土绝热温升值的要求。

2）跳仓法施工混凝土应利用混凝土的后期强度，根据设计图纸按 60d 或 90d 强度等级评定。考虑到大体积混凝土的施工及建设周期一般较长的特点，在保证混凝土有足够强度满足使用要求的前提下，规定了大体积混凝土采用 60d 或 90d 的后期强度，这样可以减少大体积混凝土中的水泥用量，提高掺合料的用量，以降低大体积混凝土的水化温升。同时可以使浇筑后的混凝土内外温差减小，降温速度控制的难度降低，并进一步降低养护费用。

3）跳仓法施工超长大体积混凝土，不得掺加膨胀剂类外加剂。本条规定基于如下考虑：

① 由于微膨胀剂只有在水中才能起作用，而施工现场很难达到使微膨胀剂产生效果的养护条件，大量工程实践表明一旦养护条件不满足要求，混凝土的收缩将会比不加微膨胀剂的混凝土收缩大很多，甚至产生大量的裂缝。目前，大量工程实践证明，不掺加微膨胀剂的混凝土，同样能保证工程不产生裂缝，使裂缝控制风险远远小于掺加微膨胀剂的混凝土。

② 掺膨胀剂类外加剂存在"延迟膨胀"的风险和"过量膨胀"的危害。混凝土的早期塑性收缩在先，与膨胀剂的线膨胀不同步，待混凝土有一定强度时再膨胀反而会造成混凝土裂缝。另外如果掺量不准确会出现过量膨胀，尤其是混凝土先期水分不足、后期遇到潮湿环境后再膨胀造成混凝土开裂。

4）跳仓法施工混凝土的制备和运输，应根据预拌混凝土运输距离、运输设备、供应能力、材料批次、环境温度等调整预拌混凝土的有关参数，使其满足防止结构工程出现有害裂缝的要求。

（2）原材料

1）配制超长大体积混凝土结构的混凝土所用水泥的选择及其质量，应符合下列规定：

① 所用水泥应符合现行国家标准《硅酸盐水泥、普通硅酸盐水泥》GB 175 的有关规定，当采用其他品种时，其性能指标必须符合国家现行有关标准的规定；

② 选用中热或低热的水泥品种，在配制混凝土配合比时尽量减少水泥的用量，宜控制在 $220 \sim 300 kg/m^3$，选用保水性好、泌水小、干缩小的水泥，优先选用矿渣硅酸盐水泥；

③ 当混凝土有抗渗指标要求时，所用水泥的铝酸三钙（C_3A）含量不宜大于 8%；

④ 所用水泥在搅拌站的使用温度不应大于 60℃，水泥 3d 水化热宜小于 240kJ/kg，7d 的水化热宜小于 270kJ/kg。

为在大体积混凝土施工中降低混凝土因水泥水化热引起的温升，达到降低温度应力和保温养护费用的目的，本条文根据目前国内水泥水化热的统计数据和多个大型重点工程的成功经验，以及美国《大体积混凝土》ACI 207.1R-96 中的相关规定，将原《块体基础大体积混凝土施工技术规程》YBJ 224-91 中的"大体积混凝土施工时所用水泥其 7d 水化热应小于 250kJ/kg"修订为"大体积混凝土施工时所用水泥其 3d 水化热宜小于 240kJ/kg，7d 水化热宜小于 270kJ/kg"，同时规定了其水泥中的铝酸三钙(C₃A)含量小于 8%。

当使用了 3d 水化热大于 240kJ/kg，7d 水化热大于 270kJ/kg 或抗渗要求高的混凝土，其水泥中的铝酸三钙(C₃A)含量高于 8%时，在混凝土配合比设计时应根据温控施工的要求及抗渗能力要采取适当措施调整。

2) 水泥进场时应对水泥品种、强度等级、包装或散装仓号、出厂日期等进行检查，并应对其强度、安定性、凝结时间、水化热等性能指标及其他必要的性能指标进行复检。

据调研，在供应大体积混凝土工程用混凝土时，大多数商品混凝土搅拌站对进站的水泥品种、强度等级、包装或散装型号、出厂日期等进行检查，并对其强度、安定性、凝结时间、水化热等性能指标进行复查。但也有相当数量的商品混凝土搅拌站并未及时复检，或复检的性能指标不全，直接影响大体积混凝土工程质量，造成了严重的后果，直接造成国家财产损失并威胁人身安全。因此，将此条列为强制性条文是十分必要的。

3) 骨料的选择，除应符合国家现行标准《普通混凝土用砂、石质量及检验方法标准》JGJ 52 的有关规定外，尚应符合下列规定：

① 选用天然或机制中粗砂，级配良好，其细度模数在 2.3～3.0 的中粗砂，含泥量(重量比)不应大于 3%，泥块含量(重量比)不大于 1%；

② 选用质地坚硬，连续级配，不含杂质的非碱活性碎石。地下室底板、内外墙梁板、地下室梁板，石子粒径宜选用 5～31.5mm。石子含泥量(重量比)不大于 1%，泥块含量(重量比)不大于 0.5%，针片状颗粒含量不大于 8%；

③ 宜采用Ⅱ级粉煤灰，减少水泥用量，降低水化热，减缓早强速率，减少混凝土早期裂缝。掺量为胶凝料总量的 20%～40%；

④ 选用高效减水剂，优先选用聚羧酸减水剂，不宜掺加早强型减水剂，不得加入膨胀类外加剂；

⑤ 使用自来水或符合国家现行标准的地下水，用量为 155～170kg/m³。

大体积混凝土所使用的骨料应采用非活性骨料，但如使用了无法判定是否是碱活性骨料或有碱活性的骨料时，应采用《通用硅酸盐水泥》GB 175 等水泥标准规定的低碱水泥，并应控制混凝土的碱含量；也可采用抑制碱骨料反应的其他措施。粉煤灰的建议掺量是：梁板 20%～30%，底板 30%～40%。

(3) 配合比设计

1) 大体积混凝土结构配合比设计，除应符合国家标准《普通混凝土配合比设计规范》JGJ 55 外，尚应符合下列规定：

① 采用混凝土 60d 或 90d 强度作指标时，应将其作为混凝土配合比的设计依据；

② 底板及地下室抗渗防裂要求较高，在配合比设计时，既应满足强度要求，也应重点满足抗渗要求，还需考虑温升控制，降低水化热，控制温度裂缝的产生；

③ 最大水胶比和最小水泥用量应符合国家标准《普通混凝土配合比设计规范》JGJ 55 的相关要求。

2) 历来各个规范只对低于图纸强度的下限有规定，不设超强度上限，但混凝土实际强度等级大幅超过设计强度等级是混凝土结构裂缝的原因之一，故限制配制强度等级不得超出设计强度的 30%。并应符合下列规定：

① 确定配制强度应重视均方差(标准差)的合理性。配制强度用下式计算：

$$\xi_配 \geqslant \xi_等 + t\sigma \quad [\xi_{cu,0} \geqslant \xi_{cu,k} + t\sigma] \tag{3-1}$$

式中：$\xi_配[\xi_{cu,0}]$——配制强度(MPa)；

$\quad\quad \xi_等[\xi_{cu,k}]$——混凝土抗压强度等级(MPa)；

$\quad\quad \sigma$——均方差(标准差)，见表3-1；

$\quad\quad t$——系数，与合格概率相对应，见表3-2。

σ 参 考 值　　　　　　　　　　　　　表 3-1

抗压强度等级	≤C20	C25～C35	≥C40
均方差(MPa)	3.5	4.0	5.0

t 值 参 考 值 表　　　　　　　　　　　　　表 3-2

t 值	1.645	1.75	1.88	2.05	2.33
合格概率(%)	95	96	97	98	99

注：t 值取 1.645，保证率 95%，不宜任意提高。

② 确定水胶比、用水量、坍落度。

a. 水胶比：依据《普通混凝土配合比设计规范》JGJ 55，依据混凝土供应厂家多年积累数据，参照鲍罗米公式，确定水胶比。建议值：0.40～0.45。

b. 用水量：采用高效减水剂，用水量宜控制在 155～170kg/m³。

c. 坍落度：120～160mm。

③ 砂率宜控制为 31%～42%，详见表3-3。

砂率控制表　　　　　　　　　　　　　表 3-3

砂率矿物石子		胶凝材料总量(kg/m³)			
		250	300	350	400
碎石最大粒径(mm)	20	38～42	36～40	34～38	32～36
	31.5	37～41	35～39	33～37	31～35

④ 粗骨料用量不应低于 1050kg/m³。

混凝土的收缩除了由于混凝土配合比的不当及养护不足之外，大量资料证明骨灰比和骨料用量的选择对裂缝数量也有直接影响。水泥是水化热产生的原因，也是混凝土收缩的主要原因，粗骨料在一定程度上约束了水泥浆的收缩，又能吸收部分水化热。控制水泥用量过多，以及控制粗骨料用量过少都是控制混凝土裂缝的有效措施。以往单纯用砂率控制砂石比例，现今量化到最少粗骨料用量，是混凝土配合比管理细化的要求。控制混凝土裂缝应重视混凝土单方骨料的数量，而且尽量不采用中、小粒径的粗骨料。

3) 在确定混凝土配合比时，应根据混凝土的绝热温升、温控施工方案的要求等，提出混凝土制备时粗细骨料和拌合用水及入模温度控制的技术措施。

(4) 制备及运输

1) 工程施工单位与混凝土供应商需签订混凝土采购合同，合同中必须有符合本规程的技术标准，报工程监理（或业主）的备查。

2）混凝土的制备量与运输能力满足混凝土浇筑工艺的要求，并应用具有生产资质的预拌混凝土生产单位，其质量应符合国家现行标准《预拌混凝土规范》GB/T 14902 的有关规定，并应满足施工工艺对坍落度损失、入模坍落度、入模温度等的技术要求。

3）多厂家制备预拌混凝土的工程，应符合原材料、配合比、材料计量等级相同，以及制备工艺和质量检验水平基本相同的原则。

4）混凝土拌合物的运输应采用混凝土搅拌运输车，运输车应具有防风、防晒、防雨和防寒设施。

5）搅拌运输车在装料前应将罐内的积水排尽。

6）搅拌运输车的数量应满足混凝土浇筑的工艺要求。

7）搅拌运输车单程运送时间，采用预拌混凝土时，应符合国家现行标准《预拌混凝土》GB/T 14902 的有关规定。

8）搅拌运输过程中需补充外加剂或调整拌合物质量时，宜符合下列规定：

① 当运输过程中出现离析或使用外加剂进行调整时，搅拌运输车应进行快速搅拌，搅拌时间应不小于 120s；

② 运输过程中严禁向拌合物中加水。

9）运输过程中，坍落度损失或离析严重，经补充外加剂或快速搅拌已无法恢复混凝土拌合物的工艺性能时，不得浇筑入模。

5. 混凝土施工

（1）一般规定

1）鉴于超长大体积混凝土结构的重要性，"跳仓法"施工方案需经施工单位技术负责人审批，并报总监理工程师备案并核查落实情况。

2）施工方案中技术措施、施工方法应具体、全面，能够指导施工作业。基础底板与地下室梁板结构的分仓、跳仓技术措施，可相互参照编写，地下室内外墙与梁板的分仓施工技术措施应分别编写。

根据基础筏板面积大小沿长度和宽度方向各分为宜不大于 40m 的仓格，沿各自方向分别编号（见图 3-1）；如果分仓超过 40m 应通过温度收缩应力计算后合理确定尺寸。

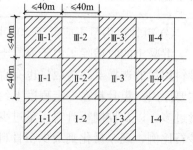

图 3-1　跳仓平面布置图

地下室顶板采用跳仓法施工时应符合下列规定：

① 平面的纵向和横向分为各不宜大于 40m 的仓格，沿各自方向编号，各层与基础底板不必在同跨内，可各自分仓格。

② 地下室结构外墙应及时回填土，地下车库顶板上部也应及时回填土覆盖，地下室外墙高出室外地面部分应及时完成保温隔热做法。在冬期到来前地下室顶板上部尚未完成建筑装修时，地下室顶板上方应采取保温措施。

由于基础底板及地下室梁结构在约束条件特点与地下室内外墙不同，要求分仓技术措施分别编写，分仓区格不要求在相同的垂直线上。

地下室顶板也可采用跳仓法施工，有关分仓、混凝土浇筑等的规定与基础底板相似，但是混凝土浇筑后的养护工作更为重要。

地下室外墙及地下车库顶板在完成防水施工后及时回填和覆盖土是非常重要的，地下室顶板采用跳仓法施工时，对有关构件做好保温隔热措施是必备的条件，否则难以控制施工期间混凝土出现裂缝。

3）超长大体积混凝土结构跳仓法施工方案，除符合有关规定以外，还应包括下列主要内容：

①超长大体积混凝土结构跳仓法施工温度应力和收缩应力的计算；

②超长大体积混凝土结构跳仓仓格长度的确定；

③施工阶段温控措施；

④原材料优选、配合比设计、制备与运输；

⑤混凝土主要施工设备和现场总平面布置；

⑥温控监测设备和测试布置图；

⑦混凝土浇筑顺序和施工进度计划；

⑧混凝土保温和保湿养护方法；

⑨主要应急保障措施（交通堵塞、不利气候条件下等）；

⑩特殊部位和特殊气候条件下的施工措施。

4）底板与外墙、底板与底板施工缝应采取钢板防水措施，施工缝处采用 $\phi6$ 双向方格（80mm×80mm）骨架，用 20 目/cm² 钢纱网卦堵混凝土。设止水钢板时骨架及钢板网上、下断开，保持止水钢板的连续贯通。底板留施工缝详见图 3-2。

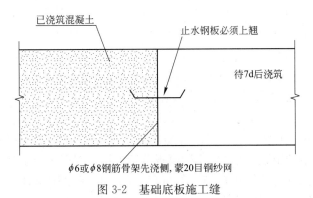

图 3-2　基础底板施工缝

（2）施工技术准备

1）超长大体积混凝土结构跳仓施工前应进行图纸会审，提出施工阶段的综合抗裂措施，制订关键部位的施工作业指导书并签订预拌混凝土连续供应合同文件。预拌混凝土连续供应是大体积混凝土施工前一项重要的技术准备工作，应选用实力强、信誉好、管理水平高的商品混凝土生产企业，并签订合同文件。同时可以要求商品混凝土生产企业报送有针对性的技术保证文件。

2）超长大体积混凝土结构跳仓施工应在混凝土的模板和支架、钢筋工程、预埋管件等工作完成并验收合格后方可上进行混凝土施工。

3)施工现场设施应按施工总平面布置图的要求按时完成并标明地泵或布料车位置，场区内道路应坚实平坦，必要时，应与市政、交管等部门协调，制订场外交通临时疏导方案。

4)施工现场的供水、供电应满足混凝土连续施工的需要，当有断电可能时，应有双路供电或自备电源等措施。

5)跳仓施工的供应能力应满足连续浇筑的需要，制定防止出现"冷缝"的措施。

6)用于超长大体积混凝土结构跳仓施工的设备，在浇筑混凝土前应进行全面的检修和试运转，其性能和数量应满足大体积混凝土连续浇筑的需要。

7)混凝土的测温监控设备宜按本规程的有关规定配置的布设，标定调试应正常，保温用材料应齐备，并应派专人负责测温作业管理。

8)超长大体积混凝土结构跳仓施工前，应对工人进行专业培训，并应逐级进行技术交底，同时应建立严格的岗位责任制和交接班制度。

（3）模板工程

1)模板及支架应根据施工过程中的各种工况进行设计，应具有足够的承载力和刚度。支架系统在安装、使用和拆除过程中，必须采取防倒塌防倾覆的措施，保证整体的稳定性。

2)模板及支架的变形验算应符合下式规定：

$$\alpha_{5G} \leqslant \alpha_{5.\lim} \tag{3-2}$$

式中：α_{5G}——按永久荷载标准值计算的构件变形值；

　　　$\alpha_{5.\lim}$——按有关规定的构件变形限值；

① 结构表面外露的模板，其挠度限值宜取模板构件计算跨度的1/400；

② 结构表面隐蔽的模板，其挠度限值宜取模板构件计算跨度的1/250；

③ 支架轴向压缩变形限值或侧向挠度限值，宜取计算高度或计算跨度的1/1000。

3)为防止竖向结构混凝土与水平结构混凝土之间因混凝土竖向早期塑性下沉收缩出现裂缝，竖向结构模板与水平结构模板分别支设。竖向结构(墙、柱)的混凝土拆模强度应达到1.2MPa。且要保证构件棱角完整无破坏。

如竖向结构模板与水平结构模板同时支拆，混凝土同步浇筑，因竖向结构与水平结构的混凝土厚度差异大，在两者结合部位容易出现因混凝土早期塑性收缩差异而产生的裂缝，因此，提倡竖向结构模板与水平结构模板分别支拆，混凝土分别浇筑。

4)超长大体积混凝土结构跳仓施工的拆模时间，应满足国家现行有关标准对混凝土的强度要求，混凝土浇筑体表面以下50mm与大气温差不应大于20℃；当模板作为保温养护措施的一部分时，其拆模时间应根据本规程规定的温控要求确定。

（4）混凝土浇筑

1)超长大体积混凝土结构底板与梁板混凝土的浇筑顺序应分仓进行，"开放仓"与"封闭仓"的间隔时间不应少于7d。

2)超长大体积混凝土结构跳仓施工的浇筑工艺应符合下列规定：

① 对于大型基础底板或整个设备基础，一般高度为1~2m，采用分层(500mm为一层)振动，一次完成高度、大推进的办法，坡度为1:6~1:7。

② 混凝土的浇筑法为分层下混凝土、分层振动、一次到顶、大斜坡推进法施工(见图3-3)。

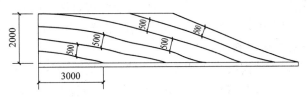

图 3-3 混凝土的浇筑法

③ 在浇筑基础底板时，应防止在浇注振动中产生泌水。由于采用一次推进大斜坡浇筑法施工，泌水沿斜面流到坑底，再机械或人工清出。混凝土表面的水泥浆应分散开，在初凝之前可用木抹子进行二次压实。

④ 每步错开不小于 3m 为宜，振捣时布设三道振捣点，分别设在混凝土的坡脚、坡道中间和表面。振捣必须充分，每个点振捣时间控制在 10s 左右并及时排除泌水。

⑤ 混凝土表面的抹压不少于 3 遍。

3）在超长大体积混凝土结构跳仓施工浇筑过程中，应采取措施防止受力钢筋、定位筋、预埋件等移位和变形，并及时清除混凝土表面的泌水。

4）超长大体积混凝土结构跳仓施工浇筑面应及时进行二次抹压处理，楼板表面严禁掸水扫毛工艺。

（5）混凝土养护

1）跳仓施工的超长大体积混凝土结构应进行保温保湿养护，在每次混凝土浇筑完毕后，除应按普通混凝土进行常规养护外，尚应及时按温控技术措施的要求进行保温养护，并应符合下列规定：

① 应专人负责保温养护工作，并应按规程的有关规定操作，同时应做好测试记录。

② 保湿养护的持续时间不得少于 14d，应经常检查塑料薄膜或养护剂涂层的完整情况，保持混凝土表面湿润。

③ 保温覆盖层除应分层逐步进行外，当混凝土的表面温度与环境最大温差小于 20℃时，可全部拆除。

2）在混凝土浇筑完毕初凝前，宜立即进行喷雾养护工作。

3）塑料薄膜、麻袋、阻燃保温被等，可作为保温材料覆盖混凝土和模板，必要时，可搭设挡风保温棚或遮阳降温棚。在保温养护过程中，应对混凝土浇筑体的里表温差和降温速率进行现场监测，当实测结果不满足温控指标的要求时，应及时调整保温养护措施。

4）跳仓施工的超长大体积混凝土结构拆模后，地下结构防水施工后应及时回填土；地上结构应尽早进行装饰，不宜长期暴露在自然环境中。

（6）特殊气候条件下的施工

1）超长大体积混凝土结构跳仓施工遇炎热、冬期、大风或者雨雪天气时，必须采用保证混凝土浇筑质量的技术措施。

2）炎热天气浇筑混凝土时，宜采用遮盖、洒水、拌冰屑等降低混凝土原材料温度的措施，混凝土入模温度宜控制在 30℃以下。混凝土浇筑后，应及时进行保湿养护，宜避开高温时段浇筑混凝土。

3）冬期浇筑混凝土，宜采用热水拌合、加热骨料等提高混凝土原材料温度的措施，混凝土入模温度不宜低于 5℃。混凝土浇筑后，应及时进行保湿保温养护。

4）大风天气浇筑混凝土，在作业面应采取挡风措施，并增加混凝土表面的抹压次数，应及时覆盖塑料薄膜和保温材料。

5）雨雪天不宜露天浇筑混凝土，当需施工时，应采取确保混凝土质量的措施。浇筑过程中突遇大雨或大雪天气时，应及时在结构合理部位留置施工缝，并应尽快中止混凝土浇筑；混凝土终凝后应立即进行覆盖，严禁雨水直接冲刷新浇筑的混凝土。

（7）施工过程中的温控及监测

1）大体积混凝土浇筑体里表温差、降温速率及环境温度的测试，在混凝土浇筑后，每昼夜不应少于 4 次；入模温度的测量，每台班不应小于 2 次。

大体积混凝土施工需在监测数据指导下进行，并需要及时调整技术措施，监测系统宜具有实时在线和自动记录功能。若实现该系统功能有一定困难，亦可采取手动方式测量，但考虑到测试数据代表性，数据采集频度应满足本条规定。

2）混凝土施工时应进行温度控制，并应符合下列规定：

① 混凝土入模温度不宜大于 32℃。

② 在覆盖养护或带模养护阶段，混凝土浇筑体内部的温度与混凝土浇筑体表面温度差值不应大于 25℃；结束覆盖养护或拆模后，混凝土浇筑体表面以内 50mm 位置处的温度与环境温度差值不应大于 20℃。

③ 混凝土浇筑体内相邻两测温点的温度差值不应大于 25℃。

④ 混凝土内部降温速率不宜大于 2.0℃/d。

控制温差是解决混凝土裂缝控制的关键，温差控制主要通过混凝土覆盖或带模养护过程进行，温差可通过现场测温数据经计算获得。

控制混凝土入模温度，可以降低混凝土内部最高温度，必要时可采取技术措施降低原材料的温度，以达到减小入模温度的目的，入模温度可通过现场测温获得；控制混凝土最大温升是有效控制温差的关键，减小混凝土内部最大温升主要从配合比上进行控制，最大温升值可以通过现场测温获得；在大体积混凝土浇筑前，为了对最大温升进行控制，可按现行国家标准《大体积混凝土施工规范》GB 50496 进行绝热温升计算，绝热温升即为预估的混凝土最大温升，绝热温升计算值加上预估的入模温度即为预估的混凝土内部最高温度。

本条分别按覆盖养护或带模养护、结束覆盖养护或拆模后两个阶段规定了混凝土浇筑体与表面温度的差值要求。根据现行国家标准《混凝土结构工程施工规范》GB 50666 的规定，当基础大体积混凝土浇筑体表面以内 50mm 位置的温度与环境温度的差值小于 20℃时，可结束覆盖养护。

上述混凝土浇筑体表面温度是指保温覆盖层或模板与混凝土交界面之间测得的温度，表面温度在覆盖养护或带模养护时用于温差计算；环境温度用来确定结束覆盖养护或拆模的时间，在拆除覆盖养护层或拆除模板后用于温差计算。由于结束覆盖养护或拆模后无法测得混凝土表面温度，故采用在基础表面以内 50mm 位置设置测温点来代替混凝土表面温度，用于温差计算。

当混凝土浇筑体表面以内 50mm 位置处的温度与混凝土浇筑体表面温度差值有大于 20℃的趋势时，应增加保温覆盖层或在模板外侧加挂保温覆盖层；结束覆盖养护或拆模后，当混凝土浇筑体表面以内 50mm 位置处的温度与混凝土温度差值有大于 20℃的趋势时，应重新覆盖或增加外保温措施。

测温点布置以及相邻两测温点的位置关系应符合下文 4)的规定。降温速率可通过现场测数据经计算获得。

3)混凝土测温应符合下列规定：

① 宜根据每个测温点被混凝土初次覆盖时的温度确定各测点部位混凝土的入模温度；

② 浇筑体周边表面以内测温点、浇筑体表面测温点、环境测温点的测温，应与混凝土浇筑、养护过程同步进行；

③ 应按测温频率要求及时提供测温报告，测温报告应包含各测温点的温度数据、温差数据、代表点位的温度变化曲线、温度变化趋势分析等内容；

④ 混凝土结构表面以内 50mm 位置的温度与环境温度的差值小于 20℃时，可停止测温。

本条对混凝土测温提出了相应的要求，对大体积混凝土测温开始和结束时间作了规定。虽然混凝土裂缝控制要求在相应温差不大于 25℃时可以停止覆盖养护，但考虑到天气变化对温差可能产生的影响，测温还应继续一段时间，故规定温差小于 20℃时，才可以停止测温。

4)大体积混凝土浇筑体内监测点的布置，应真实地反映出混凝土浇筑体内最高温升、里表温差、降温速率及环境温度，可按下列方式布置：

① 监测点的布置范围应以所选混凝土浇筑体平面图对称轴线的半条轴线为测试区，在测试区内监测点按平面分层布置；

② 在测试区内，监测点的位置与数量可根据混凝土浇筑体内温度场分布情况及温控的要求确定；

③ 在每条测试轴线上，监测点位宜不少于 4 处，应根据结构的几何尺寸布置；

④ 沿混凝土浇筑体厚度方向，必须布置外面、底面和中心温度测点，其余测点宜按测点间距不大于 600mm 布置；

⑤ 保温养护效果及环境温度监测点数量应根据具体需要确定；

⑥ 混凝土浇筑体的外表温度，宜为混凝土外表以内 50mm 处的温度；

⑦ 混凝土浇筑体底面的温度，宜为混凝土浇筑体底面上 50mm 处的温度。

多数大体积混凝土工程具有对称轴线，如实际工程不对称，可根据经验及理论计算结果选择有代表性温度测试位置。

5)测温元件的选择应符合以下列规定：

① 测温元件的测温误差不应大于 0.3℃(25℃环境下)；

② 测试范围：−30℃～150℃；

③ 绝缘电阻应大于 500MΩ。

6)混凝土测温频率应符合下列规定：

① 1～4d，每 4h 不应少于一次；

② 5～7d，每 8h 不应少于一次；

③ 8d～测温结束，每 12h 不应小于 1 次。

7)温度和应变测试元件的安装及保护，应符合下列规定：

① 测试元件安装前，必须在水下 1m 处经过浸泡 24h 不损坏；

② 测试元件接头安装位置应准确，固定应牢固，并与结构钢筋及固定架金属体绝热；

③ 测试元件的引出线宜集中布置，并应加以保护；

④ 测试元件周围应进行保护，混凝土浇筑过程中，下料时不得直接冲击测试测温元件及其引出线；振捣时，振捣器不得触及测温元件及引出线。

8）测试过程中宜及时描绘出各点的温度变化曲线和断面的温度分布曲线。

9）发现温控数值异常应及时报警，并应采取本应的措施。

温度监测是信息化施工的体现，是从温度方面判断混凝土质量的一种直观方法。监测单位应每天提供温度监测日报，若监测过程中出现温控指标不正常变化，也应及时反馈给委托单位，以便发现问题采取相应措施。

6. 工程实例

跳仓法施工从 1979 年开始，在上海工业及民用建筑工程中采用，例如，上海宝钢初轧厂、人民广场地铁车站、上海金都大厦、上海国际网球中心、新上海国际大厦、上海虹口商城等。北京从 2005 年开始采用跳仓法施工，例如，梅兰芳大剧院、蓝色港湾、居然大厦、中国妇女活中心二期、新华联大厦、中国人寿研发中心、天驿宾馆、六里屯商业办公及住宅等 50 多项工程。还有大连城市广场，深圳市民广场，广州新客站，抚顺万达广场，青岛李沧万达广场，天津社会山广场，杭州世博中心，贵阳龙洞国际机场航站楼，武汉瑞安工程，鄂尔多斯体育中心等等，截至目前已有 100 多项工程采用跳仓法施工。

【实例 3-1】 北京中京艺苑（梅兰芳大剧院）工程，地下三层连成整体，东西长197.6m，南北宽 87m，地上由两栋高层办公楼、一栋高层酒店和梅兰芳大剧院组成。中元设计院设计，中建一局二公司施工，北京方圆监理公司监理。原设计外墙混凝土强度等级为 C35，基础混凝土强度等级为 C40，抗渗等级为 P8，基础筏板设有施工后浇带和沉降后浇带分割成 13 块。工程开工之初 2005 年 2 月 6 日召开了有王铁梦教授等参加的专家技术论证会，经讨论并有设计、施工、监理和建设单位等各方同意，决定取消原来施工后浇带和改变部分沉降后浇带位置，采用"跳仓法"施工方案，专家会对设计、施工管理方面提出如下建议：

① 基础混凝土强度等级改为 C35，龄期采用 60d，取消抗渗混凝土中添加膨胀剂，优选混凝土配合比，适当掺加粉煤灰及矿粉。

② 底板混凝土采取跳仓法，分层、放坡、连续、一次到顶浇灌施工，并应加强混凝土养护和表面压光。以减少早期塑性收缩裂缝。

③ 外墙长 30m 左右，设置宽 600mm 的施工缝，以减少收缩裂缝。

④ 混凝土浇筑过程中宜采用测温方法，实现温控和信息化施工。

⑤ 成立综合性裂缝控制技术攻关小组，跟踪记录施工过程，监督严格执行施工组织设计，形成一整套施工技术成果。

该工程由于优化设计、采取"跳仓法"施工，结构工期提前了 18d，利用混凝土后期强度及不掺膨胀剂等，为建设单位节省投资 151.34 万元，取得了明显的经济效益。由于施工过程中加强管理，各有关方面重视配合，工程质量达到预期效果，于 2006 年 3 月 24

日召开了成果鉴定会, 施工单位中建一局二公司还获得了 2005 年度中国建筑一局集团"优秀新技术应用示范工程"第二名。作者参加了该工程的技术论证会和成果鉴定。

【实例 3-2】 北京蓝色港湾工程, 位于北京朝阳公园西北角, 平面三边水面形如半岛, 地上多栋商业建筑, 地下连成整体。东西长为 386m, 南北宽为 163m, 北京市建筑设计研究院设计, 中国新兴建设施工, 北京方圆监理公司监理。工程开工之初 2006 年 3 月 29 日, 为地下室混凝土工程采取"跳仓法"施工召开了专家技术论证会, 会议决定参照中京艺苑工程经验, 并得到有关各方同意, 地下室混凝土采用"跳仓法"施工。该工程混凝土中没有掺加膨胀剂, 也是"普通混凝土好好打"。在施工过程由于有关各方精心管理和配合, 工程质量和经济效益方面均取得较好效果, 并于 2006 年 12 月 19 日召开了成果鉴定会。

【实例 3-3】 北京居然大厦, 位于北京东直门立交桥西南角东二环路西侧, 地上 17 层办公楼, 地下 3 层, 基础底板东西长 120.25m, 南北宽 54.56m, 北京中天王董设计公司设计, 中建国际施工, 北京方圆监理公司监理。工程开工时召开专家技术论证会, 决定采用"跳仓法"对基础底板和外墙的混凝土进行浇灌, 混凝土中不掺加膨胀剂, 工程质量和经济效益也取得显著效果。

【实例 3-4】 北京天驿宾馆改扩建工程, 位于北京顺义区首都机场东侧, 建设单位为北京天驿宾馆有限公司, 设计单位为泛华建设集团有限公司, 勘察单位为北京市顺义区工程勘察所, 施工总承包单位为北京城建五建设集团有限公司, 监理单位为北京市顺金盛建设工程监理有限责任公司。工程南北宽 141m, 东西长 213m(其中西侧 113m 地下 3 层, 东侧 100m 地下 2 层), 地上有 9 层高 32.2m 的酒店, 7 层高 22.65m 的办公、公寓, 2 层高 9.65m 的商场, 地下连成整片为地下车库、机房等用房, 标高±0.000＝30.65m, 地下 4 层基础底为－17.5m, 历年最高水位接近自然地面, 近几年最高水位为地面下 2m, 基础底为黏土、砂质黏土, $f_{ak}=160kPa$, 基础采用承压/抗浮钻孔灌注桩, 采用梁板式筏基和独立柱基筏板基础, 原设计地上 7 层、9 层楼房地下室与地下车库之间设置沉降后浇带, 其他部位设置施工后浇带。

2014 年 11 月 23 日召开专家论证会, 根据该工程情况, 同意施工单位提出的基础底板、地下室外墙和下室楼盖采用跳仓法施工, 不再设置沉降后浇带和施工后浇带, 并建议地下室外墙原设计混凝土强度等级 C40 改为 C35。

第四章 地下室基础结构设计
与跳仓法施工

1. 基础结构设计要点

（1）多高层建筑的基础底板型式有梁板式筏基、平板式筏基。以前国内建筑结构的设计习惯采用梁板式筏基，一般认为它的整体刚度大、结构用的材料比平板式筏基节省，尤其是现场施工操作人员的工资水平较低的情况下更可取。经过多项工程对基坑护坡、基础工程土方、基础结构用工及工期、梁板式筏基与平板式筏基单方造价、地下室建筑地面回填材料等综合比较结果，采用平板式筏基综合造价比梁板式筏基低，如果考虑基础工期缩短减少银行贷款的利息，那将更有意义。上部结构虽然有不同的类型，基础底板不论是平板式筏基还是梁板式筏基由于地下室周边外墙和若干内墙都将组成整体刚度较大的结构，当具有多层地下室时更是如此。

（2）基础底板的混凝土强度等级应不大于 C40，并可按《高规》12.1.11 条规定要用 60d 或 90d 龄期的强度指标。高强度混凝土水化热及收缩偏大，徐变偏小，应力松弛效应偏小，为控制裂缝混凝土强度等级不应大于 C40。现在采用的泵送流动性高强度商品混凝土，比以往人工搅拌的较低强度混凝土，水泥用量、水用量都增加，水泥活性增加，比表面积加大，水胶比加大，坍塌落度加大等，导致水化热及收缩变形显著增加；混凝土及水泥向高强度化发展，水泥强度不断提高、用量不断增加，混凝土的抗压强度显著提高而抗拉强度提高滞后于抗压强度，拉压比降低，弹性模量增长迅速；随胶凝材料增多，体积稳定性成比例地下降（温度收缩变形显著增加）；用高强度钢筋代替中低强度钢筋导致钢筋配筋率减少，使用应力显著增加，混凝土裂缝增大。试验表明由于非弹性影响，混凝土结构开裂时钢筋实际应力约为 60MPa。因此，钢筋混凝土结构中的混凝土裂缝是不可避免的，应控制有害裂缝（渗水、钢筋锈蚀、耐久性等）出现。

（3）筏形基础也称片筏基础，具有整体刚度大，能有效地调整基底压力和不均匀沉降，或者跨过溶洞。筏形基础的地基承载力在土质较好的情况下，将随着基础埋置深度的增加而增大，基础的沉降随埋置深度的增加而减少。筏形基础适用于高层建筑的各类结构。筏形基础可采用具有反梁的交叉梁板结构，也可采用平板结构（有柱帽或无柱帽）。如何在两种常用的筏板基础类型——梁板结构与平板结构中选用适宜的类型，需要结合地基条件、基础埋深、施工条件等综合考虑。

一般情况下，梁板结构的材料消耗较少，造价较低，但比平板结构稍费工，工期也会稍长一些。但梁板筏基的高度可能比平板筏基大，例如，8m 柱网的地基梁高度可能为 1.5～2.0m，而平板基础的厚度可能为 1.0～1.5m，所以，如果地基挖土深度是由基础高度来决定，那么采用梁板结构将比平板结构多挖几十厘米至 1 米多的土。在比较两种方案的经济性时，挖土量包括护坡工程量的增加、可能的降低地下水位费用的增加、竖向构件长度的增加、建筑外防水材料的增加等等应综合加以考虑。

在工期方面，一般是梁板基础较长，平板基础较短。基础类型的选择很重要的一点是工人工资与材料价格的相对比较，在发达国家及香港地区，工人工资较高，他们一般采用平板筏基。

（4）筏形基础的平面尺寸，应根据地基承载力、上部结构的布置以及荷载情况等因素确定。当上部为框架结构、框剪结构、内筒外框和内筒外框筒结构时，筏形基础底板面积应比上部结构所覆着的面积稍大些，使底板的地基反力趋于均匀。当需要扩大筏形基础底板面积来满足地基承载力时，如采用梁板式，底板挑出的长度从基础边外皮算起横向不宜大于 1200mm，纵向不宜大于 800mm；对平板式筏形基础，其挑出长度从柱外皮算起不宜大于 2000mm 或 1.5 倍板厚度取其中大者。

（5）筏形基础结构：

1）梁板式筏形基础板厚，可参照表 4-1 确定板厚，但当底板的承载力和刚度满足要求时，厚度也可小于表中规定，但不应小于 200mm；当有防水要求时，不应小于 250mm。

筏形基础底板厚度参考值　　　　　　　　　　　　　表 4-1

基础底面平均反力（kN/m²）	底板厚度	基础底面平均反力（kN/m²）	底板厚度
150～200	$\left(\dfrac{1}{14}\sim\dfrac{1}{10}\right)L_0$	300～400	$\left(\dfrac{1}{8}\sim\dfrac{1}{6}\right)L_0$
200～300	$\left(\dfrac{1}{10}\sim\dfrac{1}{8}\right)L_0$	400～500	$\left(\dfrac{1}{7}\sim\dfrac{1}{5}\right)L_0$

注：L_0 为底板计算板块短向净跨尺寸。

2）梁板式筏形基础的板厚，对 12 层以上的建筑不应小于 400mm，且板厚与板格最小跨度之比不宜小于 1/14。基础梁的宽度除满足剪压比，受剪承载力外，尚应验算柱下端对基础的局部受压承载力。两柱之间的沉降差应符合：

$$\frac{\Delta s}{L} \leqslant 0.002 \qquad (4-1)$$

式中：Δs——两柱之间的沉降差；

L——两柱之间的距离。

3）当上部结构柱网和荷载较均匀，地基压缩层范围内无软弱土层、可液化土层或严重不均匀土层，且筏形基础的基础梁的线刚度不小于柱线刚度的 3 倍或梁高不小于跨度的 1/6 时，筏形基础内力分析可按倒楼盖力法进行计算，计算时基底反力可视为直线分布。当不符合上述要求时，应进行更深入的分析。

筏形基础按倒楼盖方法进行设计时，梁板式筏形基础的底板和基础梁配筋以及平板式筏形基础的柱下板带和跨中板带配筋，除满足计算要求外，底部支座钢筋应有 1/3～1/4 在跨中连通，顶部跨中钢筋宜在支座连接。对梁板式筏形基础中的基础梁和板，计算弯矩和剪力时可采用净跨。

4）梁板式筏形基础的底板，对单向板应进行受剪承载力验算，受剪验算截面采用墙或梁边截面；对双向板应进行受冲切承载力验算。

5）梁板式筏形基础底板可按塑性理论计算弯矩。

（6）地下室底层柱、剪力墙与梁板式筏基的基础梁的连接构造要求应符合下列规定：

1）当交叉基础梁的宽度小于柱截面的边长时，交叉基础梁连接处应设置八字角，柱角和八字角之间的净距不宜小于 50mm，可按图 4-1(*a*)采用；

2）当单向基础梁与柱连接时，柱截面的边长大于 400mm，可按图 4-1(*b*)、(*c*)采用，柱截面的边长小于等于 400mm，可按图 4-1(*d*)采用；

3）当基础梁与剪力墙连接时，基础梁边至剪力墙边的距离不宜小于 50mm(图 4-1(*e*))。

地下室外墙及柱间仅有较小洞口的内墙，墙下可不设置基础梁。当柱间内墙仅地下室底层有墙而上部无墙时，此墙可按深梁计算配筋。

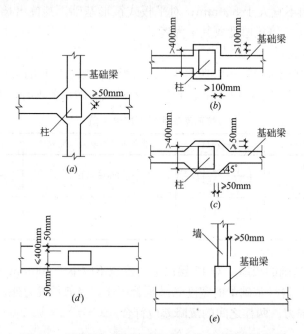

图 4-1　基础梁与地下室底层柱或剪力墙连接的构造

（7）平板式筏基的板厚应能满足受冲切承载力的要求。板的最小厚度不宜小于 400mm。计算时应考虑作用在冲切临界截面重心上的不平衡弯矩所产生的附加剪力。距柱边 $h_0/2$ 处冲切临界截面的最大剪应力 τ_{max} 应按式(4-2)、式(4-3)、式(4-4)计算(见图 4-2)。

$$\tau_{max}=\frac{F_l}{u_m h_0}+\alpha_s\frac{Mc_{AB}}{I_s} \tag{4-2}$$

$$\gamma_0\tau_m\leqslant 0.7(0.4+1.2/\beta_s)\beta_{hp}f_t \tag{4-3}$$

$$a_s=1-\frac{1}{1+\frac{2}{3}\sqrt{\dfrac{c_1}{c_2}}} \tag{4-4}$$

式中：F_l——相应于荷载效应基本组合时的集中反力设计值，对柱取轴力设计值减去筏板冲切破坏锥体内的地基反力设计值；对边柱和角柱，取轴力设计值减去筏板冲切临界截面范围内的地基反力设计值，地基反力值应扣除底板自重；

u_m——距柱边 $h_0/2$ 处冲切临界截面的周长；

γ_0——结构重要性系数；

h_0——筏板的有效高度；

M——作用在冲切临界截面重心上的不平衡弯矩；

c_{AB}——沿弯矩作用方向，冲切临界截面重心至冲切临界截面最大剪应力点的距离；

I_s——冲切临界截面对其重心的极惯性矩，按(8)条计算；

f_t——混凝土轴心抗拉强度设计值；

c_1——与弯矩作用方向一致的冲切临界截面的边长，按(8)条计算；

c_2——垂直于 c_1 的冲切临界截面的边长，按(8)条计算；

α_s——不平衡弯矩传至冲切临界截面周边的剪应力系数；

β_{hp}——受剪切承载力截面高度调整系数，$\beta_{hp}=(800/h_0)^{\frac{1}{4}}$，当 h_0 小于800mm 时，取 $h_0=800$mm；当 h_0 大于2000mm 时，取 $h_0=2000$mm；

β_s——柱截面长边与短边的比值，当 $\beta_s \leqslant 2$ 时，β_s 取2，当 $\beta_s > 4$ 时，β_s 取4。

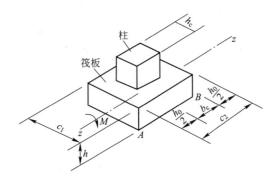

图 4-2　内柱冲切临界截面示意图

当柱荷载较大，等厚度筏板的受冲切承载力不能满足要求时，可在筏板上面增设柱墩或在筏板下局部增加板厚或采用抗冲切箍筋来提高受冲切承载能力。

(8) 冲切临界截面的周长 u_m 以及冲切临界截面对其重心的极惯性矩 I_s，应根据柱所处的部位分别按下列公式进行计算：

1) 内柱(见图 4-2)：

$$u_m = 2c_1 + 2c_2 \tag{4-5}$$

$$I_s = \frac{c_1 h_0^3}{6} + \frac{c_1^3 h_0}{6} + \frac{c_2 h_0 c_1^2}{2} \tag{4-6}$$

$$c_1 = h_c + h_0 \tag{4-7}$$

$$c_2 = b_c + h_0 \tag{4-8}$$

$$c_{AB} = \frac{c_1}{2} \tag{4-9}$$

式中：h_c——与弯矩作用方向一致的柱截面的边长；

b_c——垂直于 h_c 的柱截面边长。

2) 边柱（见图 4-3）：

$$u_m = 2c_1 + c_2 \tag{4-10}$$

$$I_s = \frac{c_1 h_0^3}{6} + \frac{c_1^3 h_0}{6} + 2h_0 c_1 \left(\frac{c_1}{2} - \overline{X}\right)^2 + c_2 h_0 \overline{X}^2 \tag{4-11}$$

$$c_1 = h_c + \frac{h_0}{2} \tag{4-12}$$

$$c_2 = b_c + h_0 \tag{4-13}$$

$$c_{AB} = c_1 - \overline{X} \tag{4-14}$$

$$\overline{X} = \frac{c_1^2}{2c_1 + c_2} \tag{4-15}$$

式中：$\overline{X}$——冲切临界截面重心位置。

3) 角柱（见图 4-4）：

$$u_m = c_1 + c_2 \tag{4-16}$$

$$I_s = \frac{c_1 h_0^3}{12} + \frac{c_1^3 h_0}{12} + c_1 h_0 \left(\frac{c_1}{2} - \overline{X}\right)^2 + c_2 h_0 \overline{X}^2 \tag{4-17}$$

$$c_1 = h_c + \frac{h_0}{2} \tag{4-18}$$

$$c_2 = b_c + \frac{h_0}{2} \tag{4-19}$$

$$c_{AB} = c_1 - \overline{X} \tag{4-20}$$

$$\overline{X} = \frac{c_1^2}{2c_1 + c_2} \tag{4-21}$$

式中：$\overline{X}$——冲切临界截面重心位置。

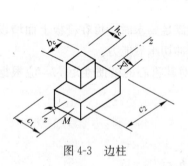

图 4-3　边柱

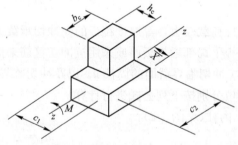

图 4-4　角柱

（9）对上部为框架—核心筒结构的平板式筏形基础，核心筒下筏板受冲切承载力应按下式计算（见图 4-5）：

$$F_l \leqslant 0.7\beta_{hp} f_t u_m h_0 / \eta \tag{4-22}$$

式中：F_l——荷载效应基本组合下，核心筒所承受的轴力设计值减去筏板冲切破坏锥体范围内的实际地基土反力设计值，基底反力值应扣除板的自重；

　　　β_{hp}——受冲切承载力截面高度影响系数；

　　　f_t——混凝土轴心抗拉强度设计值；

u_m——距核心筒外表面 $h_0/2$ 处冲切临界截面的周长;

h_0——核心筒外表面处筏板的截面有效高度;

η——核心筒冲切临界截面周长影响系数,取 1.25。

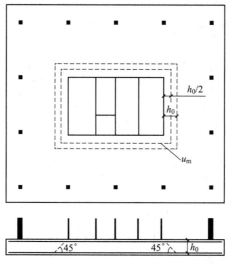

图 4-5 筏板受核心筒冲切的临界截面位置

(10) 对上部为框架—核心筒结构的平板式筏形基础,当核心筒长宽比较大时,尚应按下式验算距核心筒长边边缘 h_0 处筏板的受剪承载力:

$$V_s \leqslant 0.7\beta_{hs} f_t b h_0 \qquad (4\text{-}23)$$

式中:V_s——荷载效应基本组合下,筏板受剪承载力验算单元的计算宽度范围内,地基土净反力产生的距核心筒边缘 h_0 处的总剪力设计值;

β_{hs}——受剪承载力截面高度影响系数;

b——筏板受剪承载力验算单元的计算宽度;

h_0——距核心筒边缘 h_0 处筏板的截面有效高度。

(11) 筏形基础地下室的外墙厚度不应小于 250mm,内墙厚度不应小于 200mm。墙体内应设置双面钢筋,钢筋配置量除满足承载力要求外,竖向和水平钢筋的直径不应小于10mm,间距不应大于 150mm,配筋率不宜小于 0.3%。

(12) 当地基比较均匀、上部结构刚度较好,梁板式筏基梁的高跨比或平板式筏板的厚跨比不小于 1/6,且柱荷载及柱间距的变化不超过 20% 时,筏形基础可仅考虑局部弯曲作用,按倒楼盖法进行计算。计算时地基反力可视为均布,其值应扣除底板自重。

(13) 当采用平板式筏板时,筏板厚度一般由冲切承载力确定。在基础平面中仅少数柱的荷载较大,而多数柱的荷载较小时,筏板厚度应按多数柱下的冲切承载力确定,在少数荷载大的柱下可采用柱帽满足抗冲切的需要。柱帽形式当地下室地面有布架空层或填层时可采用往上的方式,但柱帽上皮距地面不宜小于 100mm[见图 4-6(a)];地下室地面无架空层或填层时,可采用往下倒柱帽形式[见图 4-6(b)]。

(14) 筏基底板的钢筋间距不应太小,一般为 200~400mm,且小宜小于 150mm。受力钢筋直径不宜小于 12mm。

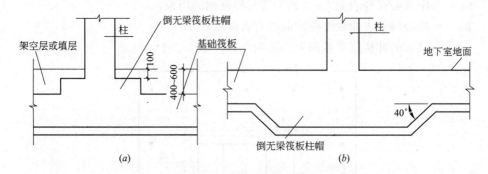

图 4-6　倒无梁筏板柱帽

(*a*) 有架空层或垫层；(*b*) 无架空层或垫层

基础梁、板，应优先采用 HRB400 或 HRB335 钢筋（包括梁的箍筋）。基础梁箍筋直径不宜小于 10mm，箍筋间距不宜小于 150mm。

（15）不论筏板的板厚为多少，一般不需在板厚的中间增设水平构造钢筋。板的上下钢筋之间的支撑定位等做法，不需在施工图中详细画出。具体定位做法，应由施工单位提出，并保证在施工浇筑混凝土时，钢筋位置准确、不位移。

由于目前基础筏板按《大体积混凝土规范》采用整体分层连续浇筑施工，厚度大于 1m 的不再分层浇筑，因此没有必要按《建筑地基基础设计规范》GB 50007—2011（简称《地基规范》)第 8.4.10 条规定筏板厚度大于 2m 在板厚中间再设置水平构造防裂钢筋。

2. 箱形基础结构的设计

（1）箱形基础的平面尺寸，应根据地基承载力和上部结构的布置及荷载分布等因素来确定。对于单幢建筑，在均匀地基及无相邻荷载影响的条件下，基础底平面形心宜与结构竖向永久荷载的重心相重合。

（2）箱形基础的高度应满足结构承载力、刚度和使用要求。其值不宜小于箱形基础长度的 1/20，且不应小于 3m。长度不包括底板悬挑部分。

（3）箱形基础的外墙应沿建筑物四周布置，内墙一般沿上部结构的柱网和剪力墙位置纵向和横向均匀布置。箱形基础墙体水平截面总面积不宜小于基础面积的 1/10。对于基础平面长宽比大于 4 的箱形基础，其纵向墙体水平截面面积不得小于基础面积的 1/18。

计算墙体水平截面面积时，不扣除洞口部分，基础面积不包括底板在墙外的挑出部分面积。

（4）高层建筑同一结构单元内，不宜局部采用箱形基础。同一结构单元内箱形基础的埋置深度宜一致。

（5）箱形基础的顶板，应具有传递上部结构的剪力至墙体的承载力，其厚度除满足正截面受弯承载力和斜截面受剪承载力外，不应小于 200mm。

（6）箱形基础的顶板、墙体厚度应根据受力情况、整体刚度和防水要求确定。底板厚度不应小于 300mm，外墙厚度不应小于 250mm，内墙厚度不应小于 200mm。

（7）箱形基础的混凝土强度等级不应低于 C20，如采用密实混凝土防水，其底板、外墙等外围结构的混凝土抗渗等级不应小于 P6，见表 4-2。对重要建筑宜采用自防水并设架空排水层方案。

箱形和筏形基础防水混凝土的抗渗等级 表 4-2

工程埋置深度 H（m）	设计抗渗等级	工程埋置深度 H（m）	设计抗渗等级
$H<10$	P6	$20{\leqslant}H<30$	P10
$10{\leqslant}H<20$	P8	$H>30$	P12

（8）在上部结构柱与箱形基础交接处，在墙边与柱边或柱角与墙八字角之间的净距不宜小于 50mm。应验算交接面处由于柱竖向荷载引起的墙体局部受压承载力，当不能满足时，应增加箱形基础墙体的承压面积，或采取其他措施。

（9）上部结构柱纵向钢筋伸入箱形基础墙体的锚固长度，外柱及与剪力墙相连的柱，仅一边、二边有墙和四边无墙的地下室内柱，应全部直通到基底；三边或四边与箱形基础墙连接的内柱，除四角的纵向钢筋直通到基底外，其余纵向钢筋可伸入顶板下表面以下不小于其直径的 40 倍。当有多层箱形基础地下室时，上述直通到基底的钢筋除四角纵向钢筋外，其余的纵向钢筋可终止在地下二层的顶板上皮。

（10）钢筋混凝土地下室采用防水混凝土时，防水混凝土的抗渗等级见表 4-3。

防水混凝土设计抗渗等级 表 4-3

工程埋置深度 H（m）	设计抗渗等级	工程埋置深度 H（m）	设计抗渗等级
$H<10$	P6	$20{\leqslant}H<30$	P10
$10{\leqslant}H<20$	P8	$H>30$	P12

（11）当地下室外墙外侧有防水保护层时，钢筋保护层厚度可取 25mm；当地下结构构件外侧无防水保护层时，钢筋保护层厚度不宜小于 40mm；当钢筋保护层厚度较大时，应采取防裂措施。

（12）工程实例

【实例 4-1】 如图 4-7 所示，某工程筏板厚度为 1600mm，柱网为 8.3m×8.3m，中柱截面 1100mm×1100mm，柱轴向荷载设计值 $F=18050$kN，不平衡弯矩设计值 $M=655.4$kN·m，筏板混凝土强度等级 C30，$f_t=1.43$N/mm²，验算筏板受冲切承载力。

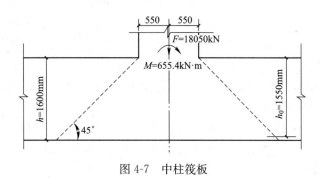

图 4-7　中柱筏板

【解】 1）已知 $h_0 = 1550\text{mm}$，$b_c = h_c = 1100\text{mm}$，$c_1 = c_2 = h_L + h_0 = 1100 + 1550 = 2650\text{mm}$，$u_m = 2(c_1 + c_2) = 10600\text{mm}$，$c_{AB} = \dfrac{c_1}{2} = \dfrac{2650}{2} = 1325\text{mm}$，由式（4-6）得冲切临界截面对其重心的极惯性矩为：

$$I_s = \frac{c_1 h_0^3}{6} + \frac{c_1^3 h_0}{6} + \frac{c_2 h_0 c_1^2}{2}$$

$$= \frac{2650 \times 1550^3}{6} + \frac{2650^3 + 1550}{6} + \frac{2650 \times 1550 \times 2650^2}{2}$$

$$= 208746.56 \times 10^8 \text{mm}^4$$

集中反力设计值为：

$$V = F - \frac{F}{8.3 \times 8.3} \times 4.3 \times 4.3 = 18050 - 262.01 \times 4.3 \times 4.3 = 13205.44\text{kN}$$

$$\alpha_s = 1 - \frac{1}{1 + \dfrac{2}{3}\sqrt{\dfrac{c_1}{c_2}}} = 0.40$$

本工程的建筑结构的安全等级为二级，重要性系数 $\gamma_0 = 1.0$。

2）按式（4-3）验算筏板冲切承载力：

$$\gamma_0 \tau_{max} = \frac{V_s}{u_m h_0} + \alpha_s \frac{Mc_{AB}}{I_s} = \frac{13205.44}{10600 \times 1550} + 0.4\frac{655.36 \times 10^6 \times 1325}{208746.56 \times 10^8} = 0.804\text{N/mm}^2$$

$\gamma_0 \tau_{max} < 0.7(0.4 + 1.2/\beta_s)\beta_{hp} f_t = 0.7 \times 1.0 \times 0.933 \times 1.43 = 0.934\text{N/mm}^2$，故满足要求。

【实例 4-2】 兰州国际贸易中心续建结构基础设计。

1）工程概况

本工程由一座主楼及三面久扩的裙房组成，主楼地下 3 层，地上 40 层，房屋高度 149.50m，裙房地下 1 层，半地下 1 层，地上 9 层，房屋高度 51.60m，主楼、裙房连为一体不设缝。

施工图设计于 1997 年 8 月完成，1998 年"兰洽会"召开时裙房以下结构主体基本完成，1999 年主楼 10 层结构转换层施工完后停工至今，现业主提出续建上部 30 层。

主楼地下三层地面标高 −11.10m。其中地下三层为设备用房，地下二层为汽车库，地下一层为自行车库，一至九层为商业用房，十层为结构转换层兼设备层，十一至二十四层，二十五层为避难层兼设备用房，二十六至四十层为办公，四十一层至四十三层为电梯机房、水箱间等。裙房地下一层地面标高 −6.30m。其中地下一层为汽车库，半地下层至七层为商场，八、九层为餐饮。主楼地下二层、裙房地下一层战时为甲类核 6 级人防地下室。原结构设计：九层及以下为钢筋混凝土框架—筒体结构，除主楼核心筒外在裙房周边设置 4 个剪力墙筒和部分剪力墙，十层及以上为钢筋混凝土筒中筒结构，在主楼十层设桁架式托柱转换层，将主楼外框架柱距由 8m 变为 4m，在裙房三层、七层设梁式托柱转换以形成建筑所要求的局部大空间。十一层以下及二十六、四十层屋面为现浇肋梁楼盖，十二～二十五层、二十七～四十层为无粘结预应力楼板，板厚 200mm、220mm。剪力墙厚度 400～800mm；混凝土：C50～C30；钢筋：梁纵筋为 HRB335 级，墙钢筋为 HRB335 级、HPB235 级，钢板选用 Q345B。主楼为变厚度筏板，筏板厚 2.2～3.0m，持力层为砂岩层，裙房为独立基础＋防水底板，持力层卵石层。

2011 年 6 月，业主委托甘肃省土木工程研究院进行了已建部分的实体检测，并出具了《兰州国际贸易中心二期续建检测鉴定报告》。除混凝土强度普遍低于设计强度(柱、剪力墙最大低 15MPa)外，其余基本满足要求。

由于工程已施工至 10 层，续建时维持原结构方案不变，按设计使用年限 50 年(已施工部分按后续使用年限 50 年设计)，采用性能设计方法和现行规范对已经施工完的 10 层以下复核后采取加固措施，对未施工部分重新设计。

2) 基础设计

场地地处黄河南岸二级阶地，场地地层自上而下依次为：填土层、黄土状轻亚黏土层、卵石层、第三系红砂岩层。

卵石层，层厚 3.80～7.40m，层顶埋深 2.40～4.90m，中密～密实状态，磨圆性好，分选性好，成分为火成岩和变质岩等，地基允许承载力$[R]=650$kPa，$E_0=50$MPa。

第三系红砂岩，最大揭露层厚 24.10m，未穿透，根据区域地质资料厚度达数百米，埋深 7.90～11.00m，表面强风化，但在地质时期受上覆土层压密作用，使其结构致密，地基允许承载力$[R]=500$kPa，$E_0=50$MPa。基坑开挖后经原位载荷试验，地基允许承载力$[R]=1160$kPa，$E_0=100$MPa。但由于原位载荷试验的数量不满足规范要求(只有 2 点)，2011 年 7 月召开了由岩土、结构专家参加的地基基础技术论证会，确定可按地基允许承载力特征值 $f_{ak}=800$kPa、$E_0=60$MPa 设计。

主楼为变厚度平板式筏形基础，筏板顶标高－11.10m，筏板厚 2.20～3.00m，混凝土 C40，抗渗等级 P8，基础持力层为中风化砂岩层，基底进入砂岩层 3.0m 以上；裙楼为柱下独立基础＋防水底板(300mm)，混凝土 C30，抗渗等级 P8，基础底标高－7.80m，基础持力层为卵石层。

基础埋深(自裙房地下室顶板面算起)主楼为 10.6m，裙房为 5.10m，分别为房屋高度的 1/14.1、1/9.5，满足嵌固要求。

经复核地基承载力(主楼筏板平均地基反力 740kPa)及变形满足要求，基础强度满足。

【实例 4-3】 杭州银都置业有限公司投资开发的逸天广场工程，位于钱塘江南岸浦沿，设计由香港王董国际和北京中天王董国际工程设计顾问有限公司承担，分南北两区，地下一层，地上由 18 栋高层住宅、酒店式公寓、办公楼及其他服务用房组成。南区地下室东西长 398.59m，南北最宽部位为 65.6m；北区地下室东西长 418.83m，南北最宽部位为 104.88m。原设计根据北京已有成熟经验地下室均不设永久伸缩缝，在初步设计阶段咨询杭州当地设计院了解到杭州当地地下室最长仅 200m 左右，因此，根据本工程情况及开发单位的意见，南北区各设了一条伸缩缝，缝两侧地下室长度，南区分别为 206.45m 和 192.1m，北区分别为 223.7m 和 195.09m，伸缩缝宽 40mm。南区在 2004 年 8 月完成地下室结构，在 2005 年 1 月发现地下室底板伸缩缝出现漏水现象，伸缩缝宽度施工实际留 50mm，底板扩大到 90～100mm，顶板扩大到 60～75mm，外墙扩大到 60～80mm，经检查伸缩缝中埋式橡胶止水带在底板大部分断裂，顶板及墙上也有部分断裂。为了找出原因并采取补救措施，开发单位在 2005 年 1 月底和 3 月初召开了专家讨论会，分析漏水原因主要有：①环境温差影响，地下室结构完成后至 2005 年 1 月，地下室顶板无上部建筑部分大面积未进行覆土，汽车道出入口无遮挡，冬季温度低，与夏季浇灌混凝土时相比温差大，造成混凝土收缩量大；②混凝土早期收缩影响，施工单位把施工后浇带设计要求30～40m设一道改为60m左右，对混凝土养护重视也不够；③开发单位取消了设计要求底板及外墙的卷材防水做法；④中埋式橡胶止水带，按产品说明，其外形构造胀缩变形量极有限，当混凝土有较大收缩时很容易被拉断。在专家讨论会上还了解到杭州同时期有两项工程，伸缩缝间距虽然没有逸天广场那样长，中埋式橡胶止水带也被拉断而出现漏水现象。补救措施如图4-8、图4-9所示，其中LW浆液为水溶性聚氨酯化学灌浆材料，有快速高效防渗堵漏效果；8503弹性聚氨酯嵌缝型密封胶，具有高弹性、耐磨、耐油、耐腐蚀等性能；特制中埋式橡胶止水带[见图4-9(c)]，从构造上克服了一般中埋式止水带的缺点，由浙江嵊州科技化工有限公司生产，名称为DW-5Z-B橡胶止水带，规格400mm×10mm×95mm，长度可达85m。在南区发现伸缩缝漏水时，北区将要施工地下室底板，也把伸缩缝的止水带换成了DW-5Z-B橡胶止水带，经过两年多观察未发现异常现象，效果良好。南区采取补救的措施经两年多时间观察，效果也良好。

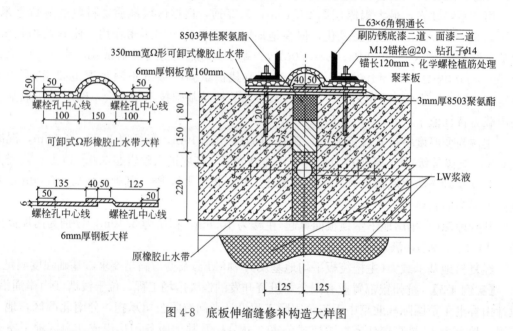

图 4-8　底板伸缩缝修补构造大样图

3. 主楼旁边有下沉庭院的设计处理

（1）由于使用功能的需要，在某些房屋旁边设有距室外地坪有相当高度的下沉庭院，其地面还低于主楼地下一层地面层，多数仅在房屋的一边有，也有两边或多边有。

（2）主楼的基础埋置深度应从庭院地面算起，当庭院地面以下主楼地下室一层的侧向刚度大于相邻上层侧向刚度的2倍时，地下一层顶作为上部结构的嵌固部位；不满足时地下二层顶作为上部结构的嵌固部位。

（3）主楼整体计算时，庭院地面以上部分楼层当做一般地面以上楼层，应将外墙所受侧压力按水平力计入，并应验算扭转效应。

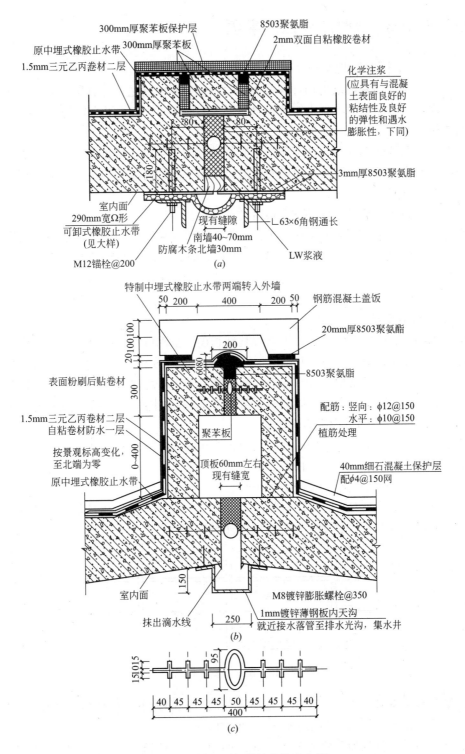

图 4-9 外墙及顶板伸缩缝构造大样

(*a*) 外墙；(*b*) 顶板；(*c*) 橡胶止水带

4. 设计基础梁、板时应注意的事项

(1)《全国技术措施(地基与基础)》规定：

1) 5.1.8 条，当基础结构构件各截面受力钢筋实际配筋量比计算所需多三分之一以上时，可将现行国家标准《混凝土结构设计规范》GB 50010 有关受力钢筋最小配筋率的要求适当放松；

2) 5.5.3 条和 5.5.5 条，柱下条形基础梁的截面一般由受剪承载力控制，受剪承载力验算截面应取柱边或垂直方向基础梁的梁边；条形基础梁的配筋构造一般不需要考虑抗震延性的要求；

3) 5.6.2 条，梁板式筏形基础底板可按塑性理论计算；

4) 5.6.3 条，不论筏板的板厚多少，一般不需要在板厚中间增设水平构造钢筋(《地基规范》8.4.10 条规定，当筏板的厚度大于 2000mm 时，宜在板厚中间部位设置直径不小于12mm、间距不大于 300mm 的双向钢筋网)，基础梁、板的下部钢筋应有 1/4~1/3 贯通全跨。

(2)《北京地基规范》规定：

1) 8.1.14 条和 8.1.15 条，柱下条形基础和筏形基础可不考虑抗震构造，基础结构构件(包括筏板基础的梁与板；厚板基础的板；条形基础的梁等)可不验算混凝土裂缝宽度；

2) 8.5.3 条，对基础梁，计算弯矩和剪力时可采用净跨；当基础梁、板各截面受力钢筋实际配筋量比计算所需多 1/3 以上时，可不考虑现行国家标准《混凝土结构设计规范》GB 50010 有关受力钢筋最小配筋率要求；

3) 8.6.2 条，对于筏形基础的基础梁无法外伸的悬臂筏板，伸出长度不宜过大，高层建筑不宜大于 2m 与 1.5 倍板厚中较大者。

(3) 地下室基础底标高有高差时的处理

在工程设计中，因为地形高低错落，沿坡建房，或地下室使用功能的要求层数不等，形成如图 4-10 所示情况，这类工程设计中需注意以下几点：

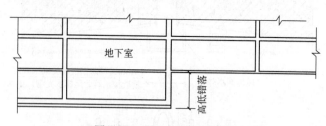

图 4-10　地下室基底有高低

1) 高的地下室基底压力，应作为地面活荷载对低的地下室外墙施以侧压力，连同土压、水压及人防等效静载计算低的地下室外墙内力；

2) 施工时一般低的地下室先挖土，靠高的地下室一侧放坡，待低的地下室结构施工到高的地下室基底标高时，采用低强度混凝土、灰土或砂石回填肥槽，此时回填材料应有足够的密实性，压实系数＞0.97，其承载力不能低于高的地下室基底土的承载力。也可不

采取放坡方式，采用护坡桩方案，这种处理一般造价比放坡高，如果考虑工期等因素可进行综合比较。采用护坡桩时，在桩顶与高的地下室基底之间应设褥垫层（厚度 250～300mm，宜用中砂、粗砂、级配砂石或碎石等，最大粒径不宜大于 30mm）；

3）高、低两部分地下室，相互间基础的差异沉降应满足规范的允许值；

4）高低错落部分肥槽回填材料，为保证质量，争取时间，方便施工，一般采用低强度(C10)混凝土。

（4）许多工程基础的梁、板钢筋实际应力测定值远小于钢筋强度设计值，据此在基础梁、筏板及无梁平板配置钢筋时，按计算结果不宜再加大，为优化设计减少用钢量，基础梁支座弯矩应取柱边（高层建筑柱截面较大，梁柱边弯矩比柱中小很多），梁板式的筏板可按塑性双向板或单向板计算。筏板的裂缝没有必要计算，双向板的裂缝实际无法计算，基础梁也没必要计算裂缝，因为实测钢筋应力小得多，如果梁支座弯矩取的是柱中计算裂缝，将是极大的失真和错误。

现在采用的有关基础计算软件，不同的软件对相同工程计算结果不一致，有的相互间差别较大，同一个软件采用不同参数计算结果也有差别。例如，采用 JCCAD 软件，当不考虑上部结构刚度、考虑上部结构刚度和按倒楼盖三种模型，弯矩值就有不小的差别。当无梁平板筏基采用倒楼盖经验系数法，柱下板带和跨中板带的弯矩值均比上述三种模型计算结果小。鉴于基础梁、板钢筋实测应力远小于设计值，因此，计算没必要采用所得内力大的软件。

5. 不设置沉降后浇带的必备条件

（1）在主楼与裙房或地下车库连成整体的基础，当设计满足下列规定时，可取消设置沉降后浇带：

1）主楼、裙房或地下车库的基础均采用了桩基，并经计算最终相邻跨的差异沉降值在规范规定的范围内；

2）主楼、裙房或地下车库的基础埋置深度较深，且基础底的土质承载力高、压缩模量大，基础底的附加压力小于土的原生压力，各自的基础沉降量很小，差异沉降值远小于规范允许值；

3）主楼基础采用桩基或复合地基，裙房或地下车库采用满堂天然地基，经计算最终相邻跨的差异沉降值在规范规定的范围内；

4）主楼基础采用桩基或复合地基，裙房或地下车库采用了独立柱基抗水板的天然地基，经计算最终相邻跨的差异沉降值在规范规定的范围内。

（2）设置沉降后浇带的目的，为控制相邻建筑高度不等的基础、主楼与裙房或地下车库之间的差异沉降而可能产生结构构件附加内力和裂缝。工程实践表明，在基础设计时减少主楼建筑沉降量和使裙房或地下车库的沉降量不致过小采取的措施，可不设置沉降后浇带。关于减少主楼沉降量及使裙房或地下车库的沉降量不致过小应采取的措施可参考《全国技术措施》（地基与基础）等 5.7.2 条和 5.7.3 条或《北京地基规范》第 8.7 节中规定：

1）减少高层建筑沉降的措施有：

① 地基持力层应选择压缩性较低的一般第四纪中密及中密以上的砂土或砂卵石土，

其厚度不宜小于 4m，并且无软弱下卧层。

② 适当扩大高层部分基础底面面积，以减少基础底面的基底反力。

③ 当地基持力层为压缩性较高的土层时，高层建筑下可采用复合地基等地基处理方法或桩基础，以减少高层部分的沉降量，裙房可采用天然地基。

2）使裙房沉降量不致过小的措施有：

① 裙房基础应尽可能减小基础底面面积，不宜采用筏形基础，以柱下独立基础或条形基础为宜。有防水要求时可采用另加防水板的方法，此时防水板下宜铺设一定厚度的易压缩材料。

② 裙房宜采用较高的地基承载力。有整体防水板时，对于内、外墙基础，调整地基承载力所采用的计算埋置深度 d 均可按下式计算：

$$d=(d_1+d_2)/2 \tag{4-24}$$

式中：d_1——自地下室室内地面起算的基础埋置深度，d_1 不小于 1.0m；

d_2——自室外设计地面起算的基础埋置深度。

应注意使高层建筑基础底面附加压力与裙房基础底面附加压力相差不致过大。

③ 裙房基础埋置深度可以小于高层建筑的埋置深度，以使裙房地基持力层的压缩性大于高层地基持力层的压缩性（如高层地基持力层为较好的砂土，裙房地基持力层为一般黏性土）。

（3）沉降实测工程实例

1）天然地基工程

① 北京西苑饭店

高层客房楼 A 段：地下 3 层，地上 23 层加塔楼 6 层，高 93.51m；裙房大厅 B 段：地下和地上均为 2 层；宴会厅 C 段：地下 1 层，地上 2 层。A 段地基为砂卵石，箱形基础；B 段和 C 段地基为粉细砂交叉梁形基础。A 段与 B 段、C 段之间设置有沉降后浇带（该工程是在北京乃至全国首例高层主楼与裙房低层之间不设永久性沉降缝、采用沉降后浇带的工程），在基础完成时共设置了沉降观测点 167 个，到主楼结构完工进行了沉降实测。A 段计算沉降值：最大为 50.3mm，最小为 35mm，而实测最大值为 32.1mm；B 段计算沉降值最大为 10mm 左右，各段沉降实测值如图 4-11 所示。从实测观测图可以看出高层主楼与裙房之间沉降曲线是连续的，没有突变现象。

② 北京燕莎中心

高层主楼旅馆地上 18 层、地下 3 层，北裙房地上、地下各 1 层，南裙房地下 1 层、地上 2 至 3 层组成。高层主楼为埋置在粉质黏土、黏质粉土上的箱形基础，南北裙房为在粉质黏土、黏质粉土上的片筏基础，高层主楼与裙房之间设置了沉降后浇带。基础底板完成设置沉降观测点，至主楼结构完成到进行部分装修，在主楼与裙房设置的沉降观测点（图 4-12）及其差异沉降值如表 4-4 所示。从表 4-4 中可以看出，主楼与裙房之间最终的差异沉降值仅为 1.39mm～2.31mm。因此，主楼与裙房之间完全可以不设沉降后浇带，施工期间可设置施工后带。

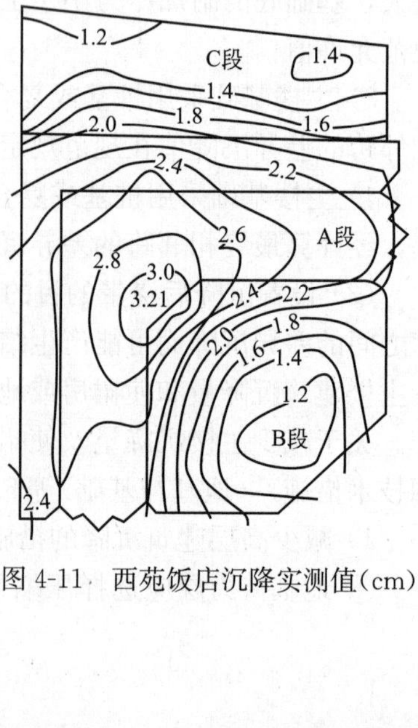

图 4-11 西苑饭店沉降实测值（cm）

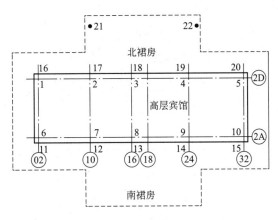

图 4-12 北京燕莎中心沉降观测点布置

北京燕莎中心沉降实测值(mm)　　　　　　　　　　　　表 4-4

观测点	(1)1991.4.1 观测			(2)1991.10.23 观测			(3)	(2)+(3)-(1)	主楼与裙房差异沉降值
	实测	底板重沉降	合计	实测	底板重沉降	合计	至最终沉降附加量	叠加值	
7	23.28	8.04	31.32	29.88	8.04	37.92	6.35	12.95	1.39
12	1.16	4.54	5.70	8.18	4.54	12.72	4.54	11.56	
9	20.68	8.04	28.72	28.41	8.04	36.45	6.35	14.08	1.94
14	0.81	4.54	5.35	8.41	4.54	12.95	4.54	12.14	
3	27.69	8.04	35.73	35.03	8.04	43.07	6.35	13.69	2.31
18	0.23	4.54	4.77	7.07	4.54	11.61	4.54	11.38	

③ 北京安慧北里阳光新干线住宅

地上 12 层,地下 2 层,与北边地下 2 层的车库连成整体,基础底为粉质黏土,砂质粉土,$f_{ka}=180kPa$,住宅为满堂筏基,地下车库采用独立柱基抗水板,均为天然地基,施工期间主楼与地下车库之间设置了沉降后浇带,完成基础底板设置了沉降观测点,并在沉降后浇带两侧也设了观测点,直至主楼结构封顶沉降观测结果,主楼最大沉降值为15.4mm,沉降后浇带两侧差异沉降值最大为 0.7mm。

④ 北京西城区某科技馆

地下 5 层,地上主楼 12 层,裙楼 6 层,基础埋置深度 30m,基底为中、细砂,地基承载力标准值 $f_{ka}=360kPa$,基础基底附加压力远小于经深度修正后的地基承载力,地基最终沉降量将比地基回弹值还小。因此,在 2013 年 9 月 25 日经专家论证会讨论,决定将原设计高层与低层之间设置的沉降后浇带取消。

⑤ 紫荆苑综合楼

位于深圳市福田区景田路,北边三栋地上 12 层、13 层主楼,南北地上 3 层裙房[见图 4-13(a)],地下均为 1 层连成整体,地基持力层为砾质黏土,主楼采用平板筏基,裙房采用独立柱基,主楼与裙房之间设置了沉降后浇带。共设置了 24 个沉降观测点,观测结果如图 4-13(b)所示,表明沉降后浇带两侧的沉降差基本为零,不仅可以取消沉降缝,而且可以取消沉降后浇带。

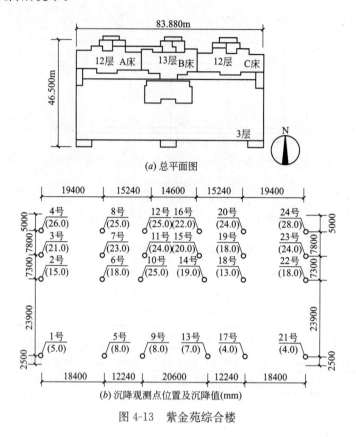

(a) 总平面图

(b) 沉降观测点位置及沉降值(mm)

图 4-13　紫金苑综合楼

2) 复合地基工程

① 清华同方科技广场

位于清华大学东侧，两栋塔楼地上 26 层，裙房地上 5 层，地下均为 3 层与仅有地下车库部分连成整体。地基土为重粉质黏土、黏土，塔楼采用 CFG 桩复合地基，裙房和地下车库部分为天然基础，均采用满堂筏基。该工程塔楼与裙房、地下车库之间设置了沉降后浇带，在 2001 年 6 月基础底板完成后设置了沉降观测点，至 2003 年投入使用后 4 个月共观测 23 次。实际观测表明：两塔楼核心筒最大沉降值分别为 39.7mm 和 35.7mm，裙房最小为 18.7mm，塔楼与裙房和地下车库之间沉降值没有突变现象，如图 4-14 所示。

② 北京建国路金地花园 A 座公寓

地上 34 层地下 2 层，基础满堂筏板采用 CFG 桩复合地基，相邻地下车库 2 层，采用满堂筏板天然地基，主楼与地下车库地基础连成整体。在施工期间设置沉降后浇带，从基础底板完成后就在后浇带两侧设置了沉降观测点，至主楼完成 6 层时沉降后浇带两侧几乎没有差异沉降，提前浇筑了后浇带的混凝土。主楼封顶时基础最大沉降值为 39.8mm。

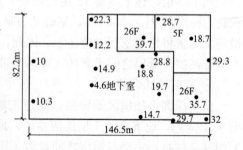

图 4-14　清华同方科技广场沉降实测值(mm)

3）桩基础工程

① 西安市的西安国际商务中心

A 段为高约 150m 的超高层写字楼，筒中筒结构；B 段为高约 100m 的高层公寓楼，框剪结构；C 段为 3 层裙房的商贸中心，框架结构。地上用防震缝分为三个结构单元，地下室 2 层连成整体，高低层之间设沉降后浇带。写字楼和公寓楼均采用桩筏基础，裙房采用天然地基十字交叉梁筏基，在写字楼和公寓封顶后一年的沉降观测值结果如图 4-15 所示。

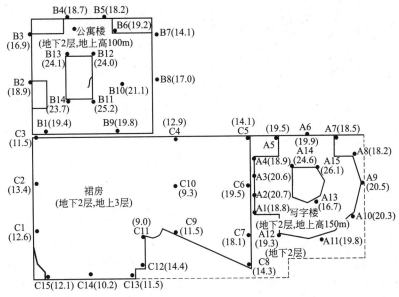

图 4-15　西安国际商务中心实测沉降值（mm）

② 北京南银大厦

位于北京朝阳区三元桥东南角，主楼写字楼地上 31 层地下 2 层，西侧有纯地下室，基地为粉质黏土、黏质粉土 $f_{ka}=220\text{kPa}$，主楼采用 $\phi400$ 预应力管桩，桩端持力层为细、粉砂，满堂布桩，纯地下室部分为天然地基，主楼与纯地下室之间基础不设置沉降后浇带（见图 4-16）。主楼计算最大沉降为 90mm，设置了沉降观测点，在结构封顶后大部分装修已完成时，在核心筒实测最大沉降量为 45.5mm（见图 4-17）。

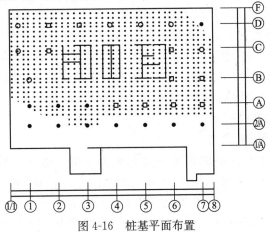

图 4-16　桩基平面布置

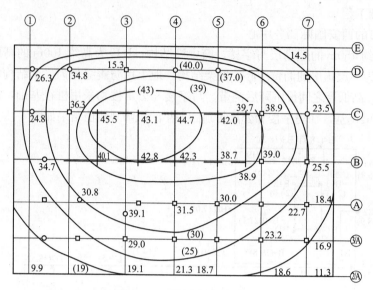

图 4-17　地板实测沉降曲线

③ 上海市真如副中心 A6 地块工程

位于普陀区礼尚路东侧、礼泉路南侧、铜川路北侧、真华路西侧，南北长约 260m，东西宽约 120m，地上有高层主楼 6 栋，其中 27 层 3 栋，32 层、29 层、17 层各 1 栋，2 层高变电站和 1 层高的卸货区，其余为绿化和庭院，地面下覆土厚度 1.5m，地下 3 层连成整片。建设单位为上海长润江和房地产发展有限公司，设计单位为上海江欢成建造设计有限公司、上海新华院建筑设计有限公司、上海岩土工程勘察设计研究有限公司，施工单位为上海宝冶集团有限公司，监理单位为上海市建设工程监理有限公司。标高±0.000＝6.15m，基础底板底为－15.8m，主楼基础直径 800mm 长 51.5m～57m 钻孔灌注桩，桩端支在 9－1、9－2 细、中砂层上，基础筏板厚 1500mm，其他基础直径 700mm 钻孔灌注桩，筏板厚 600mm，基础底板混凝土强度等级均为 C35。抗浮水位地面下 0.5m，最低水位地面下 1.5m。原设计高层主楼周边与纯地下室之间设置沉降后浇带，其长度达数百米，另按有关规定设置施工后浇带。

2015 年 3 月 14 日召开专家论证会，根据高层主楼、地上低层房屋和其余地下室均采用了桩基础，按设计单位对其中 29 层主楼基础沉降进行计算结果，最大沉降值为 29mm，与纯地下室相邻边沉降值为 16mm；相邻东边 A5 地块也是由上海宝冶集团有限公司施工已建成的两栋地上 32 层办公楼，从 2011 年 11 月至 2014 年 9 月（完成装修后）沉降观测结果，中部最大沉降量分别为 16.3mm 和 18.7mm。经论证决定，取消沉降后浇带和施工后浇带，基础底板、地下室外墙及顶板均采用"跳仓法"施工，并建议地下室底板和外墙的混凝土采用 60d 龄期的强度指标。

④ 河南省新乡市公安综合楼

主楼地上 24 层，主楼左右两侧裙房均为地上 6 层，地下一层连成整体，主楼采用 ϕ800 钻孔灌注桩，中筒、中桩下桩长 56m，边柱下桩长 47m，桩端为细、粉砂层，裙楼采用 ϕ600 钻孔灌注桩，长 35m，桩端为粉质黏土或细砂。主楼与裙楼相邻跨内设置了宽 1000mm 沉降后浇带，钢筋断开，设置了 13 个沉降观测点，施工至主楼地上 10 层、裙楼地上 4 层时测得沉降差值小于 1mm。

⑤ 上海世界金融大厦

主楼地上 43 层，高 186m，裙房地上 4 层，高 20m，地下均为 3 层，均采用 ϕ609.5 钢管柱，主楼与裙房地基连成整体，不设沉降后浇带。

6. 跳仓法施工

（1）基础结构采用跳仓法施工应遵照第三章的有关规定。

（2）基础底板浇灌混凝土当采用"分层浇筑、分层振捣、一个斜面、连续浇灌、一次到顶"的施工方法，分层每层厚度控制在 500mm 以内，每层错开 5m 左右，斜面坡度为 16°，各浇筑层前后错位，分层退着浇灌，下层初凝前上层接上，确保混凝土上下层的结合及质量。

（3）基础底板保温保湿养护极其重要，良好的养护对于减少混凝土收缩、控制内外温差、降低收缩应力十分重要，气候条件较好时可采用蓄水养护，夏天大气温度较高时，应在抹面压实后立即覆盖一层塑料薄膜，防止表面失水产生干裂。地梁侧面与顶面等不具备蓄水养护条件的，采用花管喷水人工浇水养护，确保混凝土表面保持湿润状态。混凝土养护时间不宜少于 14d。

第五章 地下室内墙、柱、楼盖结构设计与跳仓法施工

1. 多、高层建筑地下室结构设计要点

(1) 作为上部结构嵌固部位的地下室顶板必备条件在《抗规》、《高规》等标准中均有规定,上部结构嵌固部位的侧向位移应趋于零,当地下室顶板作为上部结构嵌固部位时,地下一层与首层侧向刚度比不宜小于两倍,首层地面±0.000距室外地面不大于地下一层层高的1/3,且不大于1.2m。

1)《高规》5.3.7条条文说明指出,计算地下室结构楼层侧向刚度时,可考虑地上结构以外的地下室相关部位的结构,"相关部位"一般指地上结构外扩不超过三跨的地下室范围;《抗震规范》6.1.14条条文说明指出,"相关范围"一般可从地上结构(主楼、有裙房时含裙房)周边外延不大于20m。

2) 按上述两标准,主楼(包括高层旁不设防震缝连在一起大底盘裙房)地上有相邻防震缝分开房屋,而地下室连接在一起时,计算主楼地下一层侧向刚度时可把主楼外不超过三跨并不大于20m相邻房屋地下室层侧向刚度计入在内。

3) 当主楼外侧房屋地下室顶板与主楼地下室顶板不在相同高度,且高差大于600mm时,外侧房屋地下室层侧向刚度不应计入主楼地下室一层的侧向刚度。

4) 主楼旁边地下车库,顶板上部均有厚度不等的覆土层,土面与主楼首层地面有高差,地下车库顶板与主楼地下一层顶板有较大高差,因此,相邻地下车库层侧向刚度不能计入主楼地下一层的侧向刚度。

(2)《高规》3.6.3条规定:作为上部结构嵌固部位的地下室楼层的顶楼盖应采用梁板结构,楼板厚度不宜小于180mm,混凝土强度等级不宜低于C30,应采用双层双向配筋,且每层每个方向的配筋率不宜小于0.25%。

(3)《北京市建筑设计技术细则——结构专业》第5.2.1条4款3)规定,如地下室结构的楼层侧向刚度不小于相邻上部楼层结构侧向刚度的三倍时,嵌固部位的地下室顶板也可采用无梁楼盖。

当有多于一层地下室的建筑,地下室一层顶板不满足上述嵌固条件时,如地上部为剪力墙结构,地下二层顶板作为上部结构的嵌固部位,楼盖应采用梁板式结构,楼板厚度不应小于160mm。

当有多层地下室时,除嵌固部位的楼盖采用梁板式外,其他层楼盖可采用现浇板柱结构(但应设置托板或柱帽),有利于减小层高和基础埋置深度,可节省工程综合造价。为控制裂缝,地下室楼盖的混凝土强度等级不宜太高,一般不应大于C35;当强度等级大于C35时,可采用60d强度。

（4）《高规》12.1.8条规定，基础应有一定的埋置深度，基础埋置深度可从室外地坪算至基础底面。当主楼旁边有地下车库时，其基础埋置深度仍然可从室外地坪算起。

为满足停车的需要，现在各地在住宅区或办公区，地上房屋之间的庭院下设地下车库，已经非常普遍。为了庭院绿化，地下车库顶部有厚度不等的覆土层。例如，北京按有关绿化面积指标的规定，覆土厚度为3m，不满足厚度要求尚需另外费用。

地下车库采用框架结构或板柱结构，内部为消防分区或机房设有一定数量的钢筋混凝土墙，外侧有完整的钢筋混凝土墙，组成抗侧力体系，同时通过楼板能把水平力传递到外墙土层，因此，地下车库连同顶部覆土，如同地面下土层可作为主楼地下的侧限。

（5）地下室结构抗震构造措施的抗震等级：当地下室顶板作为上部结构的嵌固部位时，地下一层的抗震等级应与上部结构相同，地下一层以下可逐层降低一级，但不应低于四级。地下室中无上部结构的部分，可根据具体情况采用三级或更低等级。

无上部结构的纯地下室结构，如地下车库等，抗震等级根据建筑物的抗震设防分类和设防烈度规定为：丙类地下室结构6、7度时不应低于四级，8、9度时不宜低于三级；乙类地下室结构6、7度时不宜低于三级，8、9度时不宜低于二级。

注：当前一般高层建筑的地下室层数较多，四层、五层地下室已不罕见。一些程序在进行整体计算时，对于抗震等级统一取值，不能区分地下和地上部分，这样对于地上室的抗震等级来说取太高了，造成很大的浪费。应注意检查整体计算模型。

（6）多高层建筑地下室的层数取决于使用功能和地基情况，如北京市多数为2~3层，少数有4~5层，上海市采用桩基地下水位较高，多数为1~2层。地下室楼盖多数采用梁板式，为满足机电管线、通风道通行，同时满足汽车库净高或其他用途，地下室层高为3.8m或以上（变配电室除外）。如果楼盖采用无梁平板加平托板柱帽层高可为3.3m，因此，可减少地下室埋置深度，减少基础的土方和护坡高度，缩短施工工期，能节省综合造价。

（7）抗震设计时，柱上板带暗梁配筋满足计算要求外，还应符合：

① 暗梁上、下纵向钢筋应分别取柱上板带上下钢筋总截面面积50%，且下部钢筋不宜小于上部钢筋的1/2。暗梁纵向钢筋应全跨拉通，其直径宜大于暗梁以外板带钢筋的直径，但不应大于相应柱截面边长的1/20。

② 暗梁的箍筋，至少应配置四肢箍，直径不小于8mm，间距≤300mm。

在暗梁梁端≥2.5h范围内应设箍筋加密区，加密区箍筋间距为h/2与100mm的较小值，如图5-1，图5-2所示。

（8）平托板底部钢筋应按计算确定并应满足抗震锚固要求。当平托板满足图5-2的要求时，计算柱上板带的支座筋时可考虑托板厚度的有利影响。

【实例5-1】 某板柱—剪力墙结构的楼层中柱，所承受的轴向压力设计值层间差值 $N = 930\text{kN}$，板所承受的荷载设计值 $q = 13\text{kN/m}^2$，水平地震作用节点不平衡弯矩 $M_{\text{unb}} = 133.3\text{kN} \cdot \text{m}$，楼板设置平托板如图5-3所示，混凝土强度等级 C30，$f_t = 1.43\text{N/mm}^2$，中柱截面 600mm×600mm，计算等效集中反力设计值及冲切承载力验算，抗震等级一级。

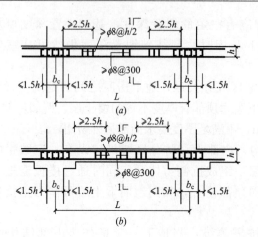

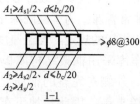

注：A_{a1}、A_{a2}分别为柱上板带的板面筋及板底筋箍筋,也可用拉条代替。

图 5-1 板柱体系暗梁配筋构造

(a) 无柱帽；(b) 有柱帽

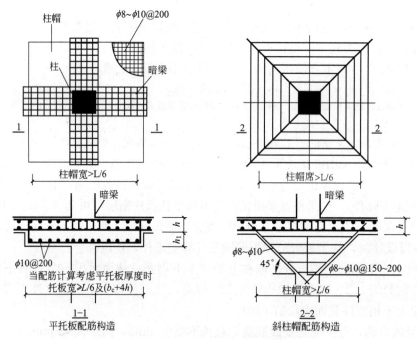

图 5-2 平托板与斜柱帽配筋构造

【解】(1) 验算平托板冲切承载力。

已知平托板 $h_0 = 3400\text{mm}$，$u_m = 4 \times 940 = 3760\text{mm}$，$h_c = b_c = 600\text{mm}$，$a_t = a_m = 940\text{mm}$，$a_{AB} = a_{CD} = \dfrac{a_t}{2} = 470\text{mm}$，$e_g = 0$，于是得 $a_0 =$

$1 - \dfrac{1}{1 + \dfrac{2}{3}\sqrt{\dfrac{h_c + h_0}{b_c + h_0}}} = 0.4$，代入后得中柱临界截

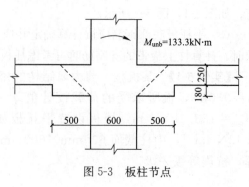

图 5-3 板柱节点

80

面极惯性矩为：

$$I_c = \frac{h_0 a_t^3}{6} + 2h_0 a_m \left(\frac{a_t}{2}\right)^2$$

$$= \frac{340 \times 940^3}{6} + 2 \times 340 \times 940 \times 470^2$$

$$= 1882.65 \times 10^8 \, \text{mm}^4$$

可由第七章 2 条(6)得等效集中反力设计值：

$$F_{l,\text{eq}} = F_l + \left(\frac{a_0 M_{\text{unb}} a_{\text{AB}}}{I_c} u_m h_0\right) \eta_{\text{vb}}$$

$$= 908.7 + \left(\frac{0.4 \times 133.3 \times 10^6 \times 470}{1882.65 \times 10^8 \times 1000} \times 3760 \times 340\right) \times 1.3$$

$$= 1129.92 \text{kN}$$

其中 $F_1 = N - qA' = 930 - 13 \times (0.6 + 0.68)^2 = 908.7 \text{kN}$

按第七章 2 条(6)验算冲切承载力：

$$F_{l,\text{eq}} = 1129.92 \text{kN} \leqslant \frac{1}{\gamma_{\text{RE}}} 0.7 f_t u_m h_0 = [F_l]$$

$$[F_l] = \frac{1}{0.85} \times 0.7 \times 1.43 \times 3760 \times 340 / 1000$$

$$= 1505.50 \text{kN}，满足要求。$$

（本例中 $\beta_h = 1$，$\eta_1 = 1$，$\eta_2 = 1.4$，故取 $\eta = 1$）

利用第七章表 7-5，当 $h_0 = 340$mm 时，由表中 $h_0 = 325$mm 和 $h_0 = 375$mm，C30 插入得 $F_l = 340.33$kN，由第七章 2 条(6)得：

$$[F_l] = 3760 F_l / 1000 \gamma_{\text{RE}}$$

$$= 3.76 \times 340.33 / 0.85$$

$$= 1505.46 \text{kN}$$

（2）验算平托板边冲切承载力。

已知楼板 $h_0 = 230$mm，$u_m = 4 \times (1.6 + 0.23) = 7.32$m $= 7320$mm，$a_0 = 0.4$，$a_m = a_t = 1830$mm，$a_{\text{AB}} = a_{\text{CD}} = \frac{a_t}{2} = 915$mm，$e_g = 0$，于是得临界截面极惯性矩为：

$$I_c = \frac{230 \times 1830^3}{6} + 2 \times 230 \times 1830 \times 915^2 = 9.4 \times 10^{11} \, \text{mm}^4$$

$$F'_l = 930 - 2.06^2 \times 13 = 874.83 \text{kN}$$

$$F'_{l,\text{eq}} = 874.83 + \left(\frac{0.4 \times 133.3 \times 10^6 \times 915}{9.4 \times 10^{11} \times 1000} \times 7320 \times 230\right) \times 1.3 = 988.43 \text{kN}$$

$$\eta_1 = 1，\quad \eta_2 = 0.5 \frac{40 \times 230}{4 \times 7320} = 0.814$$

按第七章 2 条(6)验算冲切承载力：$[F_l] = \frac{1}{0.85} \times 0.7 \times 1.43 \times 7320 \times 230 \times 0.814 / 1000 = 1613.91 \text{kN} > F'_{l,\text{eq}}$，满足要求。

（3）在平托板边已满足冲切承载力的要求后，在距暗梁边 $3.5h = 875$mm 临界截面也必定满足冲切承载力要求，因此，在暗梁从柱面起 875mm 范围配置 6ϕ8@80 箍筋，往外暗梁箍筋按构造为 4φ8@300，如图 5-4 所示。

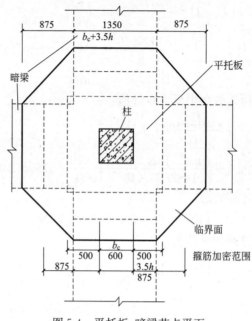

图 5-4 平托板、暗梁节点平面

2. 地下室楼层转换结构设计

（1）剪力墙结构的住宅建筑，地下室为汽车停车库或其他大空间用房，在地下一层顶需要设置转换梁承托上部墙体，目前此类建筑各地都有。也有其他类型的结构为使用功能的需要，在地下室一层顶或地下室其他层设置转换梁承托上部墙或柱。

（2）《高规》表 3.3.3-1 的注 2 和表 3.3.1-2 的注 1 说明，部分框支剪力墙结构指地面以上有部分框支剪力墙的剪力墙结构。此类结构的适用高度、框支层层数和抗震等级均为地面以上带转换的框支剪力墙结构的规定。

（3）当地下室顶板设有转换梁时，结构侧向变形特征与在上部楼层转换有很大区别，竖向荷载及墙底或柱底弯矩作用下转换梁的内力计算与在上部楼层的转换梁相同，抗震构造措施的抗震等级应与上部结构(非部分框支剪力墙结构)相同，转换梁及支承转换梁构件的柱、墙，应按地上相同抗震等级的转换梁、柱、墙有关规定的构造。转换梁除整体计算外，还应局部补充计算，当上部墙与转换梁不对中时必须计算转换梁扭转产生的附加剪力及抗扭验算。

3. 仅地下室有墙时墙体的设计

（1）在框架结构、框架—剪力墙结构、外框架内核心筒结构等建筑的地下室中，柱与柱之间设置有钢筋混凝土墙，这些墙之间有时还有垂直方向的钢筋混凝土墙。

（2）当上述这类墙的厚度满足《高规》附录 D 稳定要求，且不宜小于 200mm，墙总高为上部柱间距的两倍以上成为刚性墙时不必按梁计算，否则应视作地基梁，并按深受弯构件(见《混凝土规范》附录 G)验算其承载力。当墙的门洞口设在中部，洞口上下梁合计剪力承载力能满足时，墙可作为基础底板的支承梁。洞口上下梁的承载力计算见《高层建筑筏形与箱形基础技术规程》JGJ 6—2011 的 6.3.12 条和 6.3.13 条。

（3）地下室墙，当端部没有连接在框架柱或完整的墙上，或墙水平弯曲成折线，或墙洞靠边时，此类墙不能作为基础底板的支承梁，基础底板按单向板或双向板计算时，这些墙连其上部从属面积楼板荷载作为向下作用荷载计算，内力可抵消一部分。

（4）地下室墙已属于刚性墙时，地下室底层门洞口宽度小于 2 倍基础底板厚度时，洞口在基础底板可不设梁，此处墙通过在基础底板刚性角可平衡底板反力。

（5）无上部剪力墙，仅地下室有剪力墙时，这些墙主要受剪力和轴力，因此，可以不设置边缘构件，更没有必要再按底部加强部位要求。

（6）实际工程中常有剪力墙在首层有门洞，洞边按规定设置约束边缘构件或构造边缘构件，而对应位置地下室墙没有门洞为整墙面时，首层墙的边缘构件竖向钢筋在地下室顶板上皮往下满足锚固长度 L_{aE} 或 L_a 即可。

（7）剪力墙在嵌固部位以下的地下室墙肢以受剪为主，边缘构件构造可与嵌固部位以上不同，竖向钢筋为施工方便一般上下相同，箍筋可根据墙肢情况适当放宽。嵌固部位以下第二层起不同抗震构造的抗震等级，边缘构件的上下层竖向钢筋宜相同。

4. 跳仓法施工

（1）地下室结构采用跳仓法施工应遵照第三章的有关规定。

（2）地下室楼盖的跳仓法施工区格位置可以不与基础底板一致，可以根据楼盖结构情况和施工安排划分。

第六章 地下室外墙结构设计与跳仓法施工

1. 外墙结构设计要点

（1）多高层建筑一般都设有地下室，根据使用功能及基础埋置深度的不同要求，地下室的层数为 1~4 层不等。

（2）地下室外墙的厚度和混凝土强度等级，应根据荷载情况、防水抗渗和有关规范的构造要求确定。《高层建筑箱形与筏形基础技术规范》JGJ 6—2011 规定，箱形基础外墙厚度不应小于 250mm，混凝土强度等级不应低于 C20；《人民防空地下室设计规范》GB 50038—2005 规定，承重钢筋混凝土外墙的最小厚度为 200mm，混凝土强度等级不应低于 C20。混凝土强度等级宜 C30，可采用 60d 龄期的强度指标作为其混凝土设计强度。

地下室外墙的混凝土强度等级，考虑到强度等级过高会导致混凝土的水泥用量大，容易产生收缩裂缝，一般采用的混凝土强度等级宜低不宜高，常采用 C25~C30。有的工程地下室外墙有上部结构的承重柱，此类柱在首层为控制轴压比混凝土的强度等级较高，因此在与地下室墙顶交接处应进行局部受压的验算，柱进入墙体后其截面面积已扩大，形成附壁柱，当墙体混凝土采用低强度等级，其轴压比及承载力一般也能满足要求。

（3）地下室外墙所承受的荷载，竖向荷载有上部及地下室结构的楼盖传重和自重，水平荷载有地面活载、侧向土压力、地下水压力、人防等效静荷载。风荷载或水平地震作用对地下室外墙平面内产生的内力值较小。在实际工程的地下室外墙截面设计中，竖向荷载及风荷载或地震作用产生的内力一般不起控制作用，墙体配筋主要由垂直于墙面的水平荷载产生的弯矩确定，应按偏心受压构件计算，按纯弯计算混凝土裂缝宽度是不切实际的，造成计算结果裂缝超宽而增加钢筋。当地下室外墙外侧设有建筑防水层时，外墙最大裂缝宽度的限值可取 0.4mm。

（4）地下室外墙的水平荷载如图 6-1 所示进行组合：

1）地面活荷载、土侧压力；

2）地面活荷载、地下水位以上土侧压力、地下水位以下土侧压力、水压力；

3）上列 1）加人防等效静荷载或 2）加人防等效静荷载。

图 6-1 中的各值：

$$q_1 = p \cdot K_a \tag{6-1}$$
$$q_2 = K_a \gamma h \ \text{或} \ K_a \gamma h_1 \tag{6-2}$$
$$q_3 = K_a \gamma' h_2 \tag{6-3}$$
$$q_4 = \gamma_w \cdot h_2 \tag{6-4}$$

$$K_a = \tan^2\left(45° - \frac{\varphi}{2}\right) = 1/3 \tag{6-5}$$

式中：h_1——地下水位深度(m)；

h——外墙室外地坪以下高度(m)；

h_2——外墙地下水位以下高度(m)；

p——地面活荷载，取 $5\sim10$kN/m²；

γ——土的重度，取 18kN/m³；

γ'——土的浮重度，取 11kN/m³；

γ_w——水的重度，取 10kN/m³；

φ——土的安息角，一般取 30°。

荷载分项系数除地面活荷载的 $\gamma_Q = 1.4$ 外，其他均为 1.2。

计算地下室外墙的土压力时，当地下室施工采用大开挖方式，无护坡或连续墙支护时，地下室承受的土压力宜取静止土压力，静止土压力系数 K_0，对正常固结土可取 $1-\sin\phi$（ϕ——土的内摩擦角），一般情况下可取 0.5。

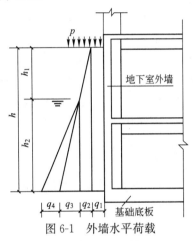

图 6-1 外墙水平荷载

当地下室施工采用护坡桩或连续墙支护时，地下室外墙的土压力计算中，可以考虑基坑支护与地下室外墙的共同作用，可按静止土压力乘以折减系数 0.66 近似计算，$0.5 \times 0.66 = 0.33$。

配筋计算时外墙的侧向压力分项系数可取为 1.3。

计算地下室外墙的侧向压力，如土压力，水压力时，如其压头高度已确定，不应再乘以放大系数。

计算地下室外墙时，一般室外活荷载可取 5kN/m²（包括可能停放消防车的室外地面）。有特殊较重荷载时，按实际情况确定。有地下水的土重度可取 11kN/m³。

《上海地基规范》5.7.6 条规定，地下水位以下土的重度取浮重度，土、水压力作用分项系数均取 1.2。

(5) 地下室外墙可根据支承情况按双向板或单向板计算水平荷载作用下的弯矩。由于地下室内墙间距不等，有的相距较远，因此在工程设计中一般把楼板和基础底板作为外墙板的支点按单向板(单跨、两跨或多跨)计算，在基础底板处按固端，顶板处按铰支座。在与外墙相垂直的内墙处，由于外墙的水平分布钢筋一般也有不小的数量，不再另加负弯矩构造钢筋。

(6) 地下室外墙可按考虑塑性变形内力重分布计算弯矩，有利于配筋构造及节省钢筋用量。按塑性计算不仅在有外防水的墙体中采用，在考虑混凝土自防水的墙体中也可采用。考虑塑性变形内力重分布，只在受拉区混凝土可能出现弯曲裂缝，但由于裂缝较细微不会贯通整个截面厚度，对防水仍有足够抗渗能力。

(7) 有窗井的地下室，为房屋基础能有效埋置深度和有可靠的侧向约束，窗井外墙应有足够横隔墙与主体地下室外墙连接，此时窗井外侧墙应承受水平荷载1)或2)，因为窗井外侧墙顶部敞开无顶板相连，其计算简图可根据窗井深度按三边连续一边自由，或水平多跨连续板计算。如按多跨连续板计算时，因为荷载上下差别大，可上下分段计算弯矩确定配筋。

（8）当只有一层地下室，外墙高度不满足首层柱荷载扩散刚性角（柱间中心距离大于墙的高度），或者窗洞较大时，外墙平面内在基础底板反力作用下，应按深梁或空腹桁架验算，确定墙底部及墙顶部的所需配筋。当有多层地下室，或外墙高度满足了柱荷载扩散刚性角时，外墙顶部宜配置两根直径不小于 20mm 的水平通长构造钢筋，墙底部由于基础底板钢筋较大没有必要另配附加构造钢筋。

（9）地下室外墙竖向钢筋与基础底板的连接，因为外墙厚度一般远小于基础底板，底板计算时在外墙端常按铰支座考虑，外墙在底板端计算时按固端，因此底板上下钢筋可伸至外墙外侧，在端部可不设弯钩（底板上钢筋锚入支座按需要 5d 就够）。外墙外侧竖向钢筋在基础底板弯后直段长度按其搭接与底板下钢筋相连，按此构造底板端部实际已具有与外墙固端弯矩同值的承载力，工程设计时底板计算也可考虑此弯矩的有利影响（见图 6-2）。

（10）当有多层地下室的外墙，各层墙厚度和配筋可以不相同。墙的外侧竖向钢筋宜在距楼板 1/4～1/3 层高处接头，内侧竖向钢筋可在楼板处接头。墙外侧水平钢筋宜在内隔墙间中部接头，内侧水平钢筋宜在内墙处接头。钢筋接头当直径小于 22mm 时可采用搭接接头，直径等于大于 22mm 时宜采用机械接头或焊接。

（11）地下室外墙的竖向和水平钢筋，除按计算确定外，每侧均不应小于受弯构件的最小配筋率。当外墙长度较长时，考虑到混凝土硬化过程及温度影响可能产生收缩裂缝，水平钢筋配筋率宜适当增大，可按 0.4%～0.5%（两侧总数）。外墙的竖向和水平钢筋宜采用变形钢筋，配筋率不宜小于 0.3%，直径宜小间距宜密，水平钢筋最大间距不宜大

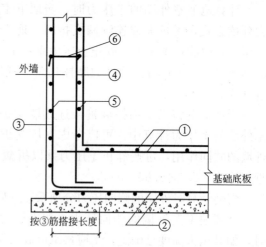

图 6-2　外墙竖向钢筋与底板连接构造
① 基础底板上部钢筋；② 基础底板下部钢筋；
③ 外侧竖向分布钢筋；④ 内侧竖向分布钢筋；
⑤ 水平分布钢筋；⑥ 拉接钢筋

于 150mm。外侧水平钢筋与内侧水平钢筋之间应设拉结钢筋，其直径可选 6mm，间距不大于 600mm，梅花形布置，人防外墙时拉结钢筋间距不大于 500mm。

（12）地下室外墙在基础底板及各顶板连接部位均没有必要设置构造暗梁（见图 6-3）。

（13）基础的地基承载力满足要求的，基础底板没必要再从外墙边向外延伸挑出，使外端与外墙平，有利防水卷材质量和方便施工。因地基承载需要基础底板伸出外墙时，底板上筋及下筋端部也可不弯直钩。为构造可设置纵横构造筋，直径 12～16mm，间距 200mm（见图 6-4）。

（14）外墙有窗井时按下列构造：

1）在某些多高层建筑地下室外墙，为了地下室房间采光和通风，设置窗户和窗井。

2）地下室有窗井时，应按《高规》12.2.7 条规定，应设外挡土墙，挡土墙与地下室外墙之间应有可靠连接。外墙及分隔墙均应为钢筋混凝土墙，分隔墙宜与地下室内墙拉通或框架柱连成整体（见图 6-5）。

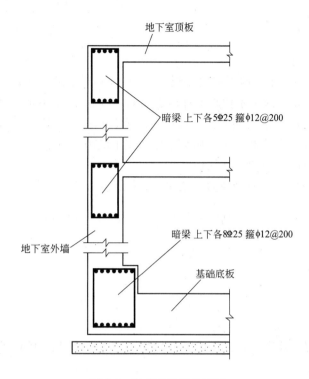

图 6-3　没必要设置的暗梁

3）当窗井底板与主楼基础底板平时，窗井底板不
应视为主楼基础底板的悬挑部分，窗井分隔墙为悬挑
梁，窗井外墙和地下室外墙为底板支承梁，底板为单向
或双向板。

4）有多层地下室，当窗井不落到基础底时，也按
上述第2）条处理，窗井分隔墙为悬挑梁支承窗井外墙
和底板的竖向荷载，还把窗井外墙土侧压力（土压、水压
和地面活荷载）传递合地下室内墙或框架柱。

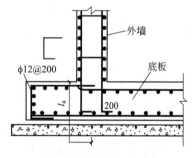

图 6-4　外伸底板端部构造筋

5）窗井外墙为挡土墙，其厚度不应小于 250mm，
当有防水要求时混凝土抗渗等级应按《高规》表 12.1.10。平面外承受的侧向压力沿高度
不等，计算内力和配筋可根据工程情况，按三边支承双向板或沿水平单向板（此时荷载应
沿竖向分段取值，避免仅取底部最大值）。平面内承受竖向荷载按一般梁或深梁计算。

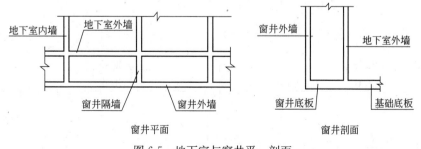

图 6-5　地下室与窗井平、剖面

2. 工程实例

【实例 6-1】 某高层建筑地下室共三层，室内外高差 0.3m，层高分别为地下 1、2 层 3.5m，地下 3 层 3.3m，地下水位距室外地面 6m，外墙厚度地下 1、2 层为 300mm，地下 3 层为 350mm，混凝土强度等级 C30，钢筋采用 HRB335，室外地面活荷载取 10kN/m²。计算地下室外墙在地面活荷载、土侧压和水压作用下的内力及配筋。

【解】(1) 侧向力计算〔见图 6-6(a)〕：

荷载分项系数取值，地面活荷载为 1.4，其他均为 1.2。

$$q_1 = \frac{1}{3} p \gamma_Q = \frac{1}{3} \times 10 \times 1.4 = 4.67 \text{kN/m}^2$$

$$q_2 = \frac{1}{3} \gamma h_1 \gamma_G = \frac{1}{3} \times 18 \times 6 \times 1.2 = 43.2 \text{kN/m}^2$$

$$q_3 = \frac{1}{3} \gamma' h_2 \gamma_G = \frac{1}{3} \times 11 \times 4.1 \times 1.2 = 18.04 \text{kN/m}^2$$

$$q_4 = \gamma'' h_2 \gamma_G = 10 \times 4.1 \times 1.2 = 49.2 \text{kN/m}^2$$

(2) 按三跨连梁计算弯矩，采用弯矩分配法，并考虑塑性内力重分布，支座弯矩调幅系数取 0.8。

① AB 跨荷载及固端弯矩

$$p_1 = q_1 + q_2 + q_3 + q_4 = 4.67 + 43.2 + 18.04 + 49.2 = 115.11 \text{kN/m}$$

$$p_2 = q_1 + q_2 + (q_3 + q_4) \times \frac{0.85}{4.1} = 4.66 + 43.2 + (18.04 + 49.2) \times \frac{0.85}{4.1} = 61.80 \text{kN/m}$$

$$M_{AB}^F = \left[\frac{1}{12} \times 61.8 + \frac{1}{20} \times (115.11 - 61.8) \right] \times 3.25^2 = 82.55 \text{kN} \cdot \text{m}$$

$$M_{AB}^F = \left[\frac{1}{12} \times 61.8 + \frac{1}{30} \times (115.11 - 61.8) \right] \times 3.25^2 = 73.17 \text{kN} \cdot \text{m}$$

② BC 跨荷载及固端弯矩

$$p_1 = 4.67 \text{kN/m}, \quad p_2 = 43.2 \text{kN/m}$$

$$p' = (18.04 + 49.2) \times \frac{0.85}{4.1} = 13.94 \text{kN/m}$$

$$M_{BC}^F = \frac{1}{12} p_1 L^2 + \frac{p_2 a^2}{12} \left[6 - 8 \frac{a}{L} + 3 \left(\frac{a}{L} \right)^2 \right] + \frac{p_2 b^3}{4L} \left[1 - \frac{4 \left(\frac{b}{L} \right)}{5} \right] + \frac{p' a^2}{12} \left[2 \frac{b}{L} + \frac{3 \left(\frac{a}{L} \right)^2}{5} \right]$$

$$= \frac{1}{12} \times 4.67 \times 3.6^2 + \frac{43.2 \times 0.85^2}{12} \times \left[6 - 8 \times \frac{0.85}{3.6} + 3 \times \left(\frac{0.85}{3.6} \right)^2 \right] + \frac{43.2 \times 2.75^3}{4 \times 3.6} \times$$

$$\left[1 - \frac{4 \times \left(\frac{2.75}{3.6} \right)}{5} \right] + \frac{13.94 \times 0.85^2}{12} \times \left[2 \times \frac{2.75}{3.6} + \frac{3 \times \left(\frac{0.85}{3.6} \right)^2}{5} \right] = 41.72 \text{kN} \cdot \text{m}$$

$$M_{CB}^F = \frac{p_1 L^2}{12} + \frac{p_2 a^3}{12L} \left(4 - 3 \frac{a}{L} \right) + \frac{p_2 b^2}{6} \left[2 - 3 \frac{b}{L} + \frac{6 \left(\frac{b}{L} \right)^2}{5} \right] + \frac{p' a^3}{12L} \left[1 - \frac{3 \frac{a}{L}}{5} \right]$$

$$=\frac{4.67\times3.6^2}{12}+\frac{43.2\times0.85^3}{12\times3.6}\times\left(4-3\times\frac{0.85}{3.6}\right)+\frac{43.2\times2.75^2}{6}\times$$

$$\left[2-3\times\frac{2.75}{3.6}+\frac{6\times\left(\frac{2.75}{3.6}\right)^2}{5}\right]+\frac{13.94\times0.85}{12\times3.6}\times\left[1-\frac{3\times\frac{0.85}{3.6}}{5}\right]=29.84\mathrm{kN\cdot m}$$

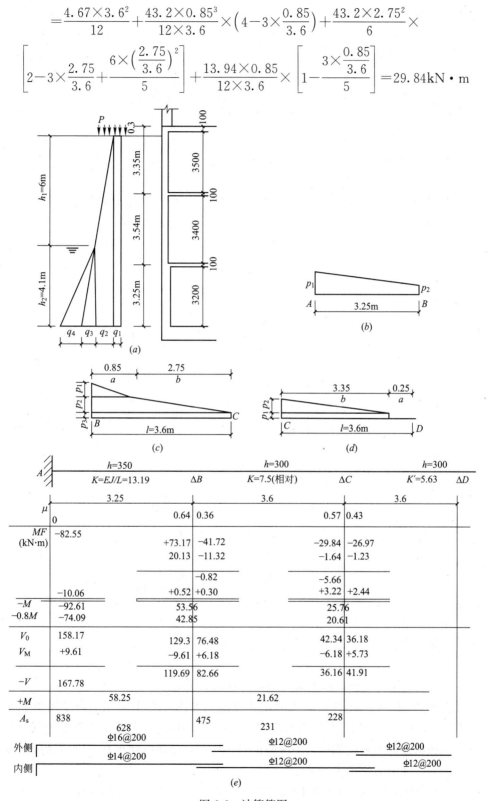

图 6-6 计算简图

（a）地下室外墙；（b）AB 跨计算简图；（c）BC 跨计算简图；（d）CD 跨计算简图；（e）弯矩分配及配筋

③ CD 跨荷载及固端弯矩

$$p_1 = 4.67 \text{kN/m}, \quad p_2 = 43.2 \times \frac{3.35}{6} = 24.12 \text{kN/m}$$

$$M_{CD}^H = \frac{p_1 b^2}{8} \left(2 - \frac{b}{L}\right)^2 + \frac{p_2 b^2}{24} \left[4 - 3\frac{b}{L} + \frac{3\left(\frac{b}{L}\right)^2}{5}\right] = \frac{4.67 \times 3.35^2}{8} \times \left(2 - \frac{3.35}{3.6}\right)^2$$

$$+ \frac{24.12 \times 3.35^2}{24} \times \left[4 - 3 \times \frac{3.35}{3.6} + \frac{3 \times \left(\frac{3.35}{3.6}\right)^2}{5}\right] = 26.97 \text{kN} \cdot \text{m}$$

④ 采用弯矩分配法，支座弯矩的调幅系数 0.8，弯矩、剪力、配筋见图 6-6(e)。

⑤ 配筋计算，混凝土 C30，$f_c = 14.3 \text{N/mm}^2$，钢筋 HRB335，$f_y = 300 \text{N/mm}^2$。

$$M_A = 74.09 \text{kN} \cdot \text{m}$$

$$\alpha_s = \frac{M}{f_c b h_0^2} = \frac{74.09 \times 10^6}{14.3 \times 1000 \times 305^2} = 0.056$$

$$\xi = 1 - \sqrt{1 - 2\alpha_s} = 1 - \sqrt{1 - 2 \times 0.056} = 0.058$$

$$\gamma_s = \frac{\alpha_s}{\xi} = \frac{0.056}{0.058} = 0.966$$

$$A_s = \frac{M}{\gamma_s f_y h_0} = \frac{74.09 \times 10^6}{0.966 \times 300 \times 305} = 838 \text{mm}^2/\text{m}$$

AB 跨中 M=58.25kN·m

$$\alpha_s = \frac{58.25 \times 10^6}{1000 \times 14.3 \times 315^2} = 0.0411$$

$$\xi = 1 - \sqrt{1 - 2 \times 0.0411} = 0.0419$$

$$\gamma_s = \frac{0.0411}{0.0419} = 0.981$$

$$A_s = \frac{58.25 \times 10^6}{0.981 \times 300 \times 315} = 628 \text{mm}^2/\text{m}$$

3. 跳仓法施工

(1) 地下室结构的跳仓法施工应遵照第三章的有关规定。

(2) 地下室外墙采用跳仓法施工时，其仓格长度不宜大于 40m。当采用施工后浇带时，应沿外墙 30～40m 设一条 800mm 宽施工后浇带，后浇带的混凝土强度等级可与墙体或地下室顶板的混凝土强度相同，不应掺加微膨胀剂，浇筑时间可在地下室顶板浇筑混凝土时同时浇灌，间隔时间不少于 7d。

(3) 地下室外墙混凝土保湿养护是控制裂缝的必备条件，并在防水施工完后应及时回填土。

（4）地下室外墙在与基础底板交接部位，为保证防水质量，施工接头缝位置应高出基础底板上皮不小于500mm，在接缝处设置钢板止水带（见图6-7）。

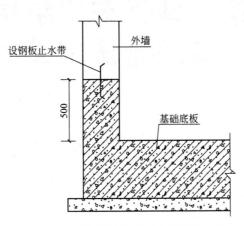

图 6-7 地下室外墙与基础底板留施工缝

第七章 地下车库结构设计与跳仓法施工

1. 设计要点

（1）现在全国各地为解决停车问题，在住宅楼或办公楼等建筑之间，地上庭院绿化，地下为大面积停车库，多数为单层，也有两层，这类建筑已相当普遍。

（2）《抗震规范》第14章14.1.1条的条文说明，本章的适用范围为单建式地下建筑，高层建筑的地下室（包括设置防震缝与主楼对应范围分开的地下室）属于附建式地下建筑，其性能要求通常与地面建筑一致，可按本规范有关章节提出的要求设计。《抗震规范》6.1.3条第3款规定，地下室中无上部结构的部分，抗震构造措施的抗震等级可根据具体情况采用三级或四级。

《全国技术措施（地基与基础）》5.8.10条规定，无上部结构的纯地下室结构，如地下车库等，抗震构造措施的抗震等级根据建筑物的抗震设防分类和设防烈度定出：丙类地下室结构6、7度不应低于四级，8、9度时不宜低于三级；乙类地下室结构6、7度不宜低于三级，8、9度时不宜低于二级。《北京细则》5.2.1条4款，无上部结构之地下建筑，如地下车库等，可按非抗震设计。

（3）地下车库上部花园的活荷载可取 $10kN/m^2$，当考虑消防车荷活载时应根据按覆土厚度按轮压扩散折算确定。

（4）地下车库楼盖宜采用无梁楼板，层高可取 3.3m；当地基承载力较高或采用桩基时，基础采用独立柱基抗水板比较经济合理。

（5）地下车库外墙为控制裂缝不应设附壁柱，如有楼板梁支座按铰接考虑，外墙与底板连接处底板不应外伸，与抗水板连接时按条形基础也可不外伸，条形基础偏心可与抗水板整体计算（见本章工程实例7-3）。

（6）地下车库的钢筋混凝土墙，墙端及门洞边均不需要设置边缘构件。

（7）现在的地下车库地面，考虑消防喷洒头试水或误喷及地面刷洗这些情况机遇极少，仅设集水坑，不再设置排水沟，否则由于排水沟难以清理，造成环境卫生差。有的地下车库地面仍设计有排水沟，这是以前的习惯做法。

（8）无梁楼盖的端支座为框架梁或剪力墙时，竖向荷载作用下及风荷载或水平地震作用下内力的计算端跨度取至梁或剪力墙中，平行于框架梁或剪力墙边不设柱上板带。

2. 楼盖结构设计

（1）地下停车库的楼盖结构形式，采用无梁式或梁板式，应根据地基、地下水位、车

92

库层数及与楼房地下室标高相互关系确定。地下停车库按净距 7.2m 停放三辆车,柱网间距一般为 8～8.2m,车库顶板以上填土厚度常为 1.2～3m,地下车库内设有通风管、喷洒水管等机电管线,净高最低点要求不小于 2.2m(小型汽车库)。有许多工程为了减少层高争取有较大净高、减少土方及水浮力,采用了无梁楼盖,为解决板的抗冲切,楼板设托板,顶板设反柱帽或托板加反柱帽(见图 7-1),层高可为 3.3m 或 3.4m,这种结构形式综合经济效益是比较好的,还有比较好的室内空间效果;楼盖为梁板式时,层高 3.7～3.9m。

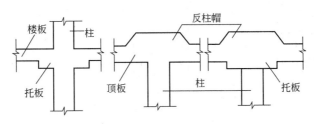

图 7-1 无梁楼盖托板、反柱帽

当地下车库采用两层机械停车时,楼盖应采用梁板式结构,层高应根据停车机械设备确定,且不小于 4.8m。

(2)无梁板可采用无柱帽板,当板不能满足冲切承载力要求且建筑许可时可采用平托板式柱帽,平托板的长度和厚度按冲切要求确定,且每方向长度不宜小于板跨度的 1/6,其厚度不小于 1/4 无梁板的厚度,平托板处总厚度不应小于 16 倍柱纵筋的直径。不能设平托板式柱帽时可采用剪力架。

无梁楼板的板厚除应满足抗冲切要求外,尚应满足刚度的要求,其厚度不宜小于表 7-1 的规定,且非抗震设计时不应小于 150mm,抗震设计时不应小于 200mm。

无内梁且板的长跨与短跨之比不大于 2 时的最小厚度 表 7-1

非预应力楼板		预应力楼板	
无托板	有托板	无托板	有托板
$l/30$	$l/35$	$l/40$	$l/45$

注:1. 表中 l 为短跨方向跨度,托板尺寸应符合柱帽及托板的外形尺寸要求,边梁也应具有足够的刚度,边梁的相对截面抗弯刚度不应小于 0.8,否则按无边梁的要求取值;

2. 板厚应满足挠度的要求。

(3)无梁楼盖的柱截面可按建筑设计采用方形、矩形、圆形和多边形。柱的构造要求、截面设计与其他楼盖的柱相同。

(4)无梁楼盖根据使用功能要求和建筑室内装饰需要,可设计成有柱帽无梁楼盖和无柱帽无梁楼盖。多、高层建筑中上部楼层也有采用无柱帽无梁楼盖。柱帽形式常用的有 3 种,如图 7-2 所示。

地下车库的无梁楼盖的柱帽应采用平托板形式,有利于方便施工,并能节省构造钢筋。

(5)无梁楼盖弯矩及承载力计算

1)无梁楼盖在竖向均布荷载作用下的内力计算,当符合下列条件时可采用经验系数法:

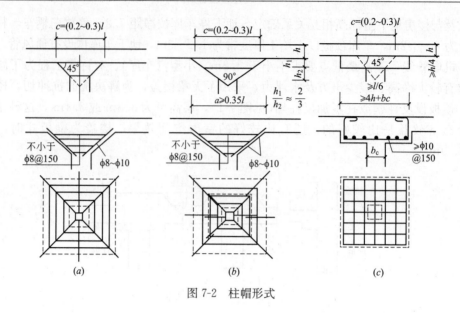

图 7-2　柱帽形式

① 每个方向至少有三个连接跨。

② 任一区格内的长边与短边之比不大于 2。

③ 同一方向上的相邻跨度不相同时，大跨与小跨之比不大于 1.2。

④ 活荷载与恒荷载之比应不大于 3。

2）经验系数法可按下列公式计算：

x 方向总弯矩设计值

$$M_0 = \frac{1}{8} q L_y \left(L_x - \frac{2}{3} c \right)^2 \tag{7-1}$$

y 方向总弯矩设计值

$$M_0 = \frac{1}{8} q L_x \left(L_y - \frac{2}{3} c \right)^2 \tag{7-2}$$

柱上板带的弯矩设计值

$$M_c = \beta_1 M_0 \tag{7-3}$$

跨中板带的弯矩设计值

$$M_m = \beta_2 M_0 \tag{7-4}$$

式中：L_x、L_y——x 方向和 y 方向的柱距；

$\quad\quad q$——板的竖向均布荷载设计值；

$\quad\quad c$——柱帽在计算弯矩方向的有效宽度（见图 7-2），无柱帽时，$c=0$；

$\quad\quad \beta_1$、β_2——柱上板带和跨中板带弯矩系数，见表 7-2。

柱上板带和跨中板带弯矩系数　　　　　　　　　　　　　　表 7-2

部位	截面位置	柱上板带 β_1	跨中板带 β_2
端跨	边支座截面负弯矩	0.48	0.05
	跨中正弯矩	0.22	0.18
	第一个内支座截面负弯矩	0.50	0.17

部位	截面位置	柱上板带 β_1	跨中板带 β_2
内跨	支座截面负弯矩	0.50	0.17
	跨中正弯矩	0.18	0.15

注：1. 表中系数按 $L_x/L_y=1$ 确定，当 $L_y/L_x \leqslant 1.5$ 时也可近似地取用；

    2. 表中系数为无悬挑板时的经验值，当有较小悬挑板时仍可采用；如果悬挑板挑出较大且负弯矩大于边支座截面负弯矩时，应考虑悬臂弯矩对边支座及内跨弯矩的影响。

无梁楼盖在决弯矩量不变的条件下，允许将柱上板带负弯矩的10%调幅给跨中板带负弯矩。

3）无梁板盖在竖向荷载作用下，当不符合上条所列条件而不能采用经验系数法时，可采用等代框架法计算内力，其等代梁的宽度宜采用垂直于等代框架方向两侧柱距各1/4；宜采用连续体有限元空间模型进行更准确的计算分析。

4）无梁楼盖采用等代梁手算弯矩分配法时，在均布荷载作用下，x 方向和 y 方向的线荷载为：

$$q_x = L_y g \tag{7-5}$$

$$q_y = L_x g \tag{7-6}$$

中跨固端弯矩 $M_x^F = \dfrac{1}{12} q_x L_x$，$M_y^F = \dfrac{1}{12} q_y L_y$。 $\tag{7-7}$

边跨当远端为铰支座时，固端弯矩 $M_x^H = \dfrac{1}{8} q_x L_x$，$M_y^H = \dfrac{1}{8} q_y L_y$。 $\tag{7-8}$

式中：L_y、L_x——y 向和 x 向柱距；

      g——楼板单位面积总荷载。

等代梁的有效宽度宜采用垂直于等代平面框梁方向两侧柱距各 1/4，即：

$$b_y = 0.5 L_x \tag{7-9}$$

$$b_x = 0.5 L_y \tag{7-10}$$

按等代框架算得 x 方向和 y 方向某柱间总弯矩值后，柱上板带和跨中板带的弯矩系数 β_1、β_2 按表 7-4 取用。

5）按等代框架分别采用弯矩分配法或其他方法计算出 x 方向和 y 方向总弯矩设计值 M_0 后，当 $L_y/L_x = 1 \sim 1.5$ 时，柱上板带和跨中板带的弯矩值仍按公式（7-3）、公式（7-4）计算，而弯矩系数 β_1、β_2 按表 7-3 取用。

当 $L_x/L_y = 0.5 \sim 2.0$ 时，柱上板带和跨中板带弯矩值按公式（7-3）、公式（7-4）计算，弯矩系数 β_1、β_2 则按表 7-4 取用。

表 7-3 和表 7-4 按板周边为连续时的数值取值。表 7-4 中括号内数值系用于有柱帽的无梁楼板。

$L_x/L_y = 1$ 柱上板带和跨中板带弯矩分配系数　　　　　　　　　表 7-3

位置	弯矩截面	柱上板带 β_1	跨中板带 β_2
内跨	支座截面 $-M$	0.75	0.25
	跨中截面 $+M$	0.55	0.45

续表

位置	弯矩截面	柱上板带 β_1	跨中板带 β_2
端跨	边支座截面$-M$	0.90	0.10
	跨中截面$+M$	0.55	0.45
	第一间支座截面$-M$	0.75	0.25

$L_x/L_y=0.5\sim2.0$ 柱上板带和跨中板带弯矩系数　　　　　表 7-4

L_x/L_y	$-M$		$+M$	
	柱上板带 β_1	跨中板带 β_2	柱上板带 β_1	跨中板带 β_2
0.50~0.60	0.55(0.60)	0.45(0.40)	0.50(0.45)	0.50(0.55)
0.60~0.75	0.65(0.70)	0.35(0.30)	0.55(0.50)	0.45(0.50)
0.75~1.33	0.70(0.75)	0.30(0.25)	0.60(0.55)	0.40(0.45)
1.33~1.67	0.80(0.85)	0.20(0.15)	0.75(0.70)	0.25(0.30)
1.67~2.0	0.85(0.90)	0.15(0.10)	0.85(0.80)	0.15(0.20)

　　当楼板在柱附近有洞口时，当洞边与冲切临界截面边之间间距$\leqslant6h_0$时，板冲切计算中取用的临界截面周边 u_m 应扣除柱中心至开洞外边画出两条切线之间所包含的长度，如图 7-3 所示。

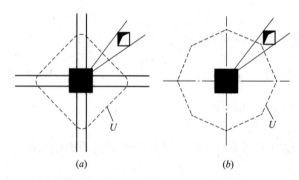

图 7-3　柱附近楼板开洞后冲切周长

　　鉴于柱上板带弯矩分配较多，有时配筋过密不便于施工，在保证总弯矩不变的情况下，允许板带之间或支座与跨中之间各调 10%。

　　现在结构包括无梁楼盖一般均采用电算软件计算，但对某些较复杂的构件或电算软件中没有的内容，应进行必要补充计算。

　　(6) 无梁楼盖截面设计

　　1) 在竖向荷载、水平力作用下的板柱节点，其受冲切承载力计算中所用的等效集中反力设计值 $F_{l,\mathrm{eq}}$ 可按下列情况确定：

　　① 传递单向不平衡弯矩的板柱节点

　　当不平衡弯矩作用平面与柱矩形截面两个轴线之一重合时，可按下列两种情况进行计算：

　　a. 由节点受剪传递的单向不平衡弯矩 $\alpha_0 M_{\mathrm{unb}}$，当其作用的方向指向图 7-4 的 AB 边时，等效集中反力设计值可按下列公式计算：

　　无地震作用组合时：

$$F_{l,\text{eq}} = F_l + \frac{\alpha_0 M_{\text{unb}} a_{AB}}{I_c} u_m h_0 \qquad (7\text{-}11)$$

有地震作用组合时：

$$F_{l,\text{ep}} = F_l + \left(\frac{\alpha_0 M_{\text{unb}} a_{AB}}{I_c} u_m h_0 \right) \eta_{\text{vb}} \qquad (7\text{-}12)$$

$$M_{\text{unb}} = M_{\text{unb,c}} - F_l e_g \qquad (7\text{-}13)$$

b. 由节点受剪传递的单向不平衡弯矩 $\alpha_0 M_{\text{unb}}$，当其作用的方向指向图 7-4 的 CD 边时，等效集中反力设计值可按下列公式计算：

无地震作用组合时：

$$F_{l,\text{ep}} = F_l + \frac{\alpha_0 M_{\text{unb}} a_{CD}}{I_c} u_m h_0 \qquad (7\text{-}14)$$

有地震作用组合时：

$$F_{l,\text{ep}} = F_l + \left(\frac{\alpha_0 M_{\text{unb}} a_{CD}}{I_c} u_m h_0 \right) \eta_{\text{vb}} \qquad (7\text{-}15)$$

$$M_{\text{unb}} = M_{\text{unb,c}} + F_l e_g \qquad (7\text{-}16)$$

式中：F_l——在竖向荷载、水平荷载作用下，柱所承受的轴向压力设计值的层间差值减去冲切破坏锥体范围内板所承受的荷载设计值；

α_0——计算系数，按下述(3)计算；

M_{unb}——竖向荷载、水平荷载对轴线 2（图 7-4）产生的不平衡弯矩设计值；

$M_{\text{unb,c}}$——竖向荷载、水平荷载对轴线 1（图 7-4）产生的不平衡弯矩设计值；

a_{AB}、a_{CD}——轴线 2 至 AB、CD 边缘的距离；

I_c——按临界截面计算的类似极惯性矩；

e_g——在弯矩作用平面内轴线 1 至轴线 2 的距离；对中柱截面和弯矩作用平面平行于自由边的边柱截面，$e_g = 0$；

η_{vb}——板柱节点剪力增大系数，一级 1.7，二级 1.5，三级 1.3。

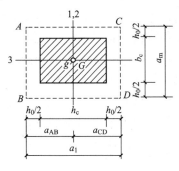

图 7-4 矩形中柱及受冲切承载力计算的几何参数

1—通过柱截面重心 G 的轴线；

2—通过临界截面周长重心 g 的轴线；

3—不平衡弯矩作用平面

② 传递双向不平衡弯矩的板柱节点

当节点受剪传递的两个方向不平衡弯矩为 $\alpha_{0x} M_{\text{unb,x}}$、$\alpha_{0y} M_{\text{unb,y}}$ 时，等效集中反力设计值可按下列公式计算：

无地震作用组合时：

$$F_{l,\text{eq}} = F_1 + \tau_{\text{unb,max}} u_m h_0 \qquad (7\text{-}17)$$

有地震作用组合时：$\qquad F_{l,\text{eq}} = F_1 + (\tau_{\text{unb,max}} u_m h_0) \eta_{\text{vb}} \qquad (7\text{-}18)$

$$\tau_{\text{unb,max}} = \frac{\alpha_{0x} M_{\text{unb,x}} a_x}{I_{cx}} + \frac{\alpha_{0y} M_{\text{unb,y}} a_y}{I_{cy}} \qquad (7\text{-}19)$$

式中：$\tau_{\text{unb,max}}$——双向不平衡弯矩在临界截面上产生的最大剪应力设计值；

$M_{\text{unb,x}}$、$M_{\text{unb,y}}$——竖向荷载、水平荷载引起对临界截面周长重心处 x 轴、y 轴方向的不平衡弯矩设计值，可按公式(7-13)或公式(7-16)同样的方法确定；

α_{0x}、α_{0y}——x 轴、y 轴的计算系数；

I_{cx}、I_{cy}——对 x 轴、y 轴按临界截面计算的类似极惯性矩；

a_x、a_y——最大剪应力 τ_{max} 作用点至 x 轴、y 轴的距离。

③ 当考虑不同的荷载组合时，应取其中的较大值作为板柱节点受冲切承载力计算用的等效集中反力设计值。

2）板柱节点考虑受剪传递单向不平衡弯矩的受冲切承载力计算中，与等效集中反力设计值 $F_{l,eq}$ 有关的参数和图 7-4 中所示的几何尺寸，可按下列公式计算：

中柱处临界截面的类似极惯性矩、几何尺寸及计算系数可按下列公式计算（图 7-4）：

$$I_c = \frac{h_0 a_t^3}{6} + 2h_0 a_m \left(\frac{a_t}{2}\right)^2 \tag{7-20}$$

$$a_{AB} = a_{CD} = \frac{a_t}{2}, \ e_g = 0 \tag{7-21}$$

$$\alpha_0 = 1 - \frac{1}{1 + \frac{2}{3}\sqrt{\frac{h_c + h_0}{b_c + h_0}}} \tag{7-22}$$

3）在按公式（7-17）～公式（7-19）进行板柱节点考虑传递双向不平衡弯矩的受冲切承载力计算中，如将本条 2）的规定视作 x 轴（或 y 轴）的类似极惯性矩、几何尺寸及计算系数，则与其相应的 y 轴（或 x 轴）的类似极惯性矩，几何尺寸及计算系数，可将前述的 x 轴（或 y 轴）的相应参数进行置换确定。

4）当边柱、角柱部位有悬臂板时，临界截面周长可计算至垂直于自由边的板端处，按此计算的临界截面周长应与按中柱计算的临界截面周长相比较，并取两者中的较小值。

5）楼板在局部荷载或无梁楼板集中反力作用下不配置箍筋或弯起钢筋时，其受冲切承载力应符合下列规定（见图 7-5）：

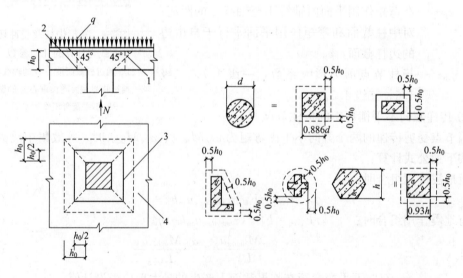

图 7-5　板受冲切承载力计算

1—冲切破坏锥体的斜截面；2—临界截面；3—临界截面的周长；4—冲切破坏锥体的底面线

无地震作用组合时：

$$F_l \leqslant (0.7\beta_h f_t + 0.25\sigma_{pc,m})\eta u_m h_0 = \beta_h \eta F_1 + 0.25\sigma_{pc,m}\eta u_m h_0 \qquad (7\text{-}23)$$

有地震作用组合时：

$$F_l \leqslant 0.7\beta_h f_t \eta u_m h_0 / \gamma_{RE} = \beta_h \eta F_1 / \gamma_{RE} \qquad (7\text{-}24)$$

公式(7-23)、公式（7-24）中的系数 η，应按下列两个公式计算，并取其中较小值：

$$\eta_1 = 0.4 + \frac{1.2}{\beta_s} \qquad (7\text{-}25)$$

$$\eta_2 = 0.5 + \frac{\alpha_s h_0}{4 u_m} \qquad (7\text{-}26)$$

式中：F_l——局部荷载设计值或集中反力设计值；对板柱结构的节点，取柱所承受的轴向压力设计时的层间差值减去冲切破坏锥体范围内板所承受的荷载设计值；当有不平衡弯矩时，应按上述 1)的规定确定；

β_h——截面高度影响系数；当 $h \leqslant 800\text{mm}$ 时，取 $\beta_h = 1.0$；当 $h \geqslant 2000\text{mm}$ 时，取 $\beta_h = 0.9$，其间按线性内插法取用；

f_t——混凝土轴心抗拉强度设计值；

$\sigma_{pc,m}$——临界截面周长上两个方向混凝土有效预压应力按长度的加权平均值，其值宜控制在 $1.0 \sim 3.5\text{N/mm}^2$ 范围内；

u_m——临界截面的周长；距离局部荷载或集中反力作用面积周边 $h_0/2$ 处板垂直截面的最不利周长；

h_0——截面有效高度，取两个配筋方向的截面有效高度的平均值；

η_1——局部荷载或集中反力作用面积形状的影响系数；

η_2——临界截面周长与板截面有效高度之比的影响系数；

β_s——局部荷载或集中反力作用面积为矩形时的长边与短边尺寸的比值，β_s 不宜大于 4；当 $\beta_s < 2$ 时，取 $\beta_s = 2$；当面积为圆形时，取 $\beta_s = 2$；

α_s——板柱结构中柱类型的影响系数；对中柱，取 $\alpha_s = 40$；对边柱，取 $\alpha_s = 30$；对角柱，取 $\alpha_s = 20$；

F_1——取值见表 7-5。

6) 当板开有孔洞且孔洞至局部荷载或集中反力作用面积边缘的距离不大于 $6h_0$ 时，受冲切承载力计算中取用的临界截面周长 u_m，应扣除局部荷载或集中反力作用面积中心至开孔外边画出两条切线之间所包含的长度（见图 7-6）。

7) 在局部荷载或集中反力作用下，当受冲切承载力不满足上述 5)的要求且板厚受到限制时，可配置箍筋或弯起钢筋。此时，受冲切截面应符合下列条件：

无地震作用组合时：

$$F_l \leqslant 1.2 f_t \eta u_m h_0 = \eta F_3 \qquad (7\text{-}27)$$

有地震作用组合时：

$$F_l \leqslant 1.2 f_t \eta u_m h_0 / \gamma_{RE} = \eta F_3 / \gamma_{RE} \qquad (7\text{-}28)$$

配置箍筋或弯起钢筋的板，其受冲切承载力应符合下列规定：

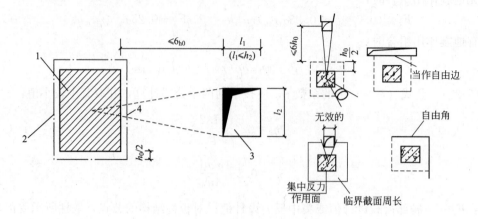

图 7-6　邻近孔洞时的临界截面周长

1—局部荷载或集中反力作用面；2—临界截面周长；3—孔洞；4—应扣除的长度

注：当图中 $l_1 > l_2$ 时，孔洞边长 l_2 用 $\sqrt{l_1 l_2}$ 代替。

① 当配置箍筋时

无地震作用组合时：

$$F_l \leqslant (0.5 f_t + 0.25 \sigma_{pc,m}) \eta u_m h_0 + 0.8 f_{yv} A_{suv} \tag{7-29}$$

$$= \eta F_2 + 0.25 \sigma_{pc,m} \eta u_m h_0 + 0.8 f_{yv} A_{svu}$$

有地震作用组合时：

$$F_l \leqslant [(0.5 f_t + 0.25 \sigma_{pc,m}) \eta u_m h_0 + 0.8 f_{yv} A_{svu}] / \gamma_{RE}$$

$$= (\eta F_2 + 0.25 \sigma_{pc,m} \eta u_m h_0 + 0.8 f_{yv} A_{svn}) / \gamma_{RE} \tag{7-30}$$

F_2、F_3 见表 7-5。

② 当配置弯起钢筋时（无地震作用组合）

$$F_l \leqslant (0.5 f_t + 0.25 \sigma_{pc,m}) \eta u_m h_0 + 0.8 f_y A_{sbu} \sin\alpha \tag{7-31}$$

式中：A_{svu}——与呈 45° 冲切破坏锥体斜截面相交的全部箍筋截面面积；

　　　A_{sbu}——与呈 45° 冲切破坏锥体斜截面相交的全部弯起钢筋截面面积；

　　　α——弯起钢筋与板底面的夹角。

板中配置的抗冲切箍筋或弯起钢筋，应符合《混凝土规范》9.1.11 条的构造规定。

对配置抗冲切钢筋的冲切破坏锥体以外的截面，尚应按上述 5) 的要求进行受冲切承载力计算，此时，u_m 应取配置抗冲切钢筋的冲切破坏锥体以外 0.5h_0 处的最不利周长。

注：当有可靠依据时，也可配置其他有效形式的抗冲切钢筋（如工字钢、槽钢、抗剪锚栓和扁钢 U 形箍等）。

（7）构造要求

1）无梁楼板的抗剪钢筋，一般采用闭合箍筋、弯起钢筋和型钢，其构造要求如图 7-7 所示。箍筋直径不应小于 8mm，间距不应大于 $h_0/3$，肢距不大于 200mm，弯起钢筋可由一排或两排组成，弯起角度可根据板的厚度在 30°～45° 之间选取，弯起钢筋的倾斜段应与冲切破坏锥体斜截面相交，其交点应在离集中反力作用面积周长以外 $h/2$～$h/3$ 的范围内，弯起钢筋直径应不小于 12mm，且每一方向应不少于 3 根。

2）无梁楼盖的柱上板带和跨中板带的配筋布置如图 7-8 所示。

受冲切承载力计算 F_1、F_2、F_3 值（kN）　　表 7-5

$F_1=0.7f_tu_mh_0$，$F_2=0.5f_tu_mh_0$，$F_3=1.2f_tu_mh_0$，其中 $u_m=1000mm=1m$

板厚(mm)		C20			C25			C30			C35			C40			C45			C50		
h	h_0	F_1	F_2	F_3	F_1	F_2	F_3	F_1	F_2	F_3	F_1	F_2	F_3	F_1	F_2	F_3	F_1	F_2	F_3	F_1	F_2	F_3
100	80	61.6	44.0	105.6	71.1	50.8	121.9	80.1	57.1	137.2	87.9	62.9	150.7	95.8	68.4	164.1	100.8	72.0	172.8	105.8	75.6	181.5
110	90	69.3	49.4	118.7	80.0	57.1	137.1	90.1	64.3	154.4	98.9	70.6	169.6	107.7	77.0	184.7	113.4	81.0	194.4	119.1	85.0	204.1
120	100	77.0	55.0	132.0	88.9	63.4	152.3	100.1	71.4	171.5	109.9	78.4	188.3	119.7	85.4	205.1	126.0	90.0	216.0	132.3	94.4	226.7
130	110	84.7	60.4	145.1	97.8	69.8	167.6	110.1	78.6	188.8	120.9	86.3	207.2	131.7	94.0	225.7	138.6	99.0	237.6	145.5	104.0	249.5
140	120	92.4	66.0	158.4	106.7	76.1	182.8	120.1	85.8	205.9	131.9	94.1	226.0	143.6	102.6	246.3	151.2	108.0	259.2	158.8	113.4	272.1
150	130	100.1	71.4	171.5	115.6	82.6	198.0	130.1	93.0	223.1	142.9	102.0	244.9	155.6	111.1	266.7	163.8	117.0	280.8	172.0	122.8	294.8
160	140	107.8	77.0	184.8	124.5	88.8	213.3	140.1	100.1	240.2	153.9	109.8	263.8	167.6	119.7	287.3	176.4	126.0	302.4	185.2	132.3	317.5
180	160	123.2	88.0	211.2	142.2	101.6	243.9	160.2	114.4	274.5	175.8	125.6	301.5	191.5	136.8	328.3	201.6	144.0	345.6	211.7	151.1	362.8
200	180	138.6	99.0	237.6	160.0	114.3	274.3	180.2	128.7	308.9	197.8	141.3	339.1	215.5	153.8	369.4	226.8	162.0	388.8	238.1	170.1	408.2
220	195	150.1	107.3	257.4	173.3	123.8	297.1	195.2	139.4	334.6	214.3	153.0	367.4	233.4	166.7	400.1	245.7	175.4	421.1	258.0	184.3	442.3
250	225	173.2	123.7	297.1	200.0	142.8	342.8	225.2	160.8	386.0	247.3	176.6	423.9	269.3	192.4	461.7	283.5	202.4	485.9	297.7	212.6	510.3
280	255	196.3	140.3	336.6	226.7	161.8	388.6	255.2	182.3	437.6	280.2	200.1	480.4	305.2	218.0	523.2	321.3	229.4	550.7	337.4	241.0	578.3
300	275	211.7	151.4	363.0	244.5	174.6	419.1	275.3	196.6	471.9	302.2	215.8	518.0	329.2	235.1	564.3	346.5	247.4	593.9	363.8	259.8	623.6
350	325	250.2	178.7	429.0	288.9	206.4	495.3	325.3	232.4	557.7	357.2	255.1	612.3	389.0	277.8	666.8	409.5	292.4	701.9	430.0	307.1	737.1
400	375	288.7	206.3	495.0	333.4	238.1	571.4	375.4	268.1	643.5	412.1	294.4	706.3	448.9	320.6	769.5	472.5	337.4	809.9	496.1	354.4	850.5
450	425	327.2	233.7	561.0	377.8	269.8	647.6	425.4	303.8	729.2	467.1	333.6	800.7	508.7	363.4	872.1	535.5	382.4	917.9	562.2	401.6	964.9
500	475	365.7	261.3	627.0	422.3	301.6	723.9	475.5	339.6	815.5	522.1	372.8	894.8	568.6	406.1	974.7	598.5	427.4	1025.9	628.4	448.8	1077.2

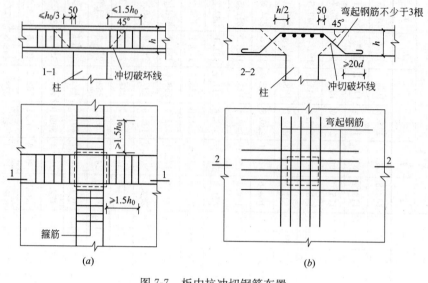

图 7-7　板中抗冲切钢筋布置

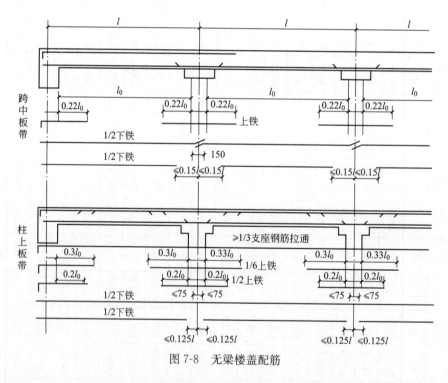

图 7-8　无梁楼盖配筋

3）围绕节点向外扩展到不需要配箍筋的位置，定义为临界截面，如图 7-9 所示，临界截面处求得集中反力设计值应满足公式（7-23）、公式（7-24）的要求，式中 u_m 值取临界截面的周长。冲切截面至临界截面之间的剪力均由双向暗梁承担，暗梁宽度取柱宽 b_c 及柱两侧各 $1.5h$（h 为板厚），暗梁箍筋应满足公式（7-29）、公式（7-30）的要求。当冲切面以外按公式（7-29）、公式（7-30）计算不需要配箍筋时，暗梁应设置构造箍筋，并应采用封闭箍筋，四肢箍，直径不小于 8mm，间距不大于 300mm（见图 7-10）。

暗梁从柱面伸出长度不宜小于 $3.5h$ 范围，应采用封闭箍筋，间距不宜大于 $h/3$，肢距不宜大于 200mm，箍筋直径不宜小于 8mm。

4）无柱帽平板宜在柱上板带中设构造暗梁，暗梁宽度可取柱宽及柱两侧各不大于 1.5 倍板厚。暗梁支座上部钢筋面积应不小于柱上板带钢筋面积的 50%，暗梁下部钢筋不宜少于上部钢筋的 1/2。暗梁的构造箍筋应配置成四肢箍，直径应不小于 8mm，间距应不大于 $3h_0/4$，肢距不大于 $2h_0$（见图 7-10）。当需要时应按计算确定，且直径不小于 10mm，间距不大于 $h_0/2$，肢距不大于 $1.5h_0$。与暗梁相垂直的板底钢筋应置于暗梁下钢筋之上。

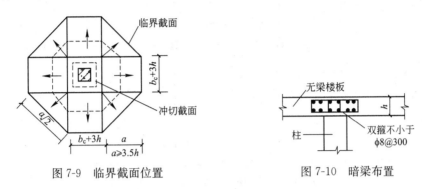

图 7-9 临界截面位置   图 7-10 暗梁布置

5）无柱帽柱子板带的板底钢筋，宜在距柱面为 2 倍纵筋锚固长度以外搭接，钢筋端部宜在垂直于板面方向弯钩。

6）沿两个轴方向通过柱截面的板底连续钢筋的总截面面积，应符合下式要求：

$$A_s \geqslant N_G/f_y \tag{7-32}$$

式中：A_s——板底连续钢筋总截面面积；

$\quad\quad N_G$——在该层楼板重力荷载代表值作用下的柱轴压力；

$\quad\quad f_y$——楼板钢筋的抗拉强度设计值。

7）板柱—剪力墙结构的无梁楼盖，应设置边梁，其截面高度不小于板厚的 2.5 倍。边梁在竖向荷载作用下的弯矩和剪力，应根据直接作用在其上的荷载及板带所传递的荷载进行计算。边梁的扭矩计算较困难，故板在边梁可按半刚接或铰接，考虑扭矩影响一般应按构造配置受扭箍筋，箍筋的直径和间距应按竖向荷载与水平力作用下的剪力组合值计算确定，且直径应不小于 8mm，间距不大于 200mm。

8）无梁楼板上如需开洞时，应满足受剪承载力的要求，且应符合图 7-11 的要求。各洞边加筋应与洞口被切断的钢筋截面面积相等。

9）设有平托板式柱帽时，平托板的钢筋应按柱上板带柱边正弯矩计算确定，按构造不小于 $\phi 10@150$ 双向，有抗震设防时，钢筋应锚入板内（见图 7-12）。

10）设有平托板式柱帽时，可将柱上板带支座弯矩 $M'_支$ 按以下折算成 $M''_支$，然后按平托板处有效高度 h'_0 计算柱上板带支座配筋，平托板以外的柱上板带支座配筋同跨中板带支座配筋（见图 7-13），相应弯矩调整为：

$$M''_支 = M'_支\left(\frac{L_1}{B_1}\right) - \left(\frac{L_1 - B_1}{L_2}\right)M_支 \tag{7-33}$$

$$M''_中 = M'_中\left(\frac{L_1}{B_1}\right) - \left(\frac{L_1 - B_1}{L_2}\right)M_中 \tag{7-34}$$

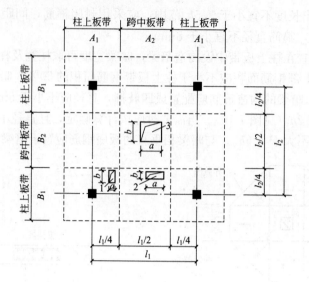

图 7-11　无梁楼板开洞要求

注：洞 1：$a \leqslant a_c/4$ 且 $\leqslant t/2$，$b \leqslant b_c/4$ 且 $b \leqslant t/2$，其中 a_c 和 b_c 为相应洞口短方向和长方向的柱宽度；t 为板厚；

　　　洞 2：$a \leqslant A_2/4$ 且 $b \leqslant B_1/4$；洞 3：$a \leqslant A_2/2$ 且 $b \leqslant B_2/2$。

式中：$M''_\text{支}$、$M''_\text{中}$——调整后的柱上板带支座弯矩和跨中弯矩；

　　　$M'_\text{支}$、$M'_\text{中}$——调整前的柱上板带支座弯矩和跨中弯矩；

　　　$M_\text{支}$、$M_\text{中}$——跨中板带的支座弯矩的跨中弯矩；

　　　L_1、L_2——柱上板带和跨中板带的宽度；

　　　B_1——柱帽宽度。

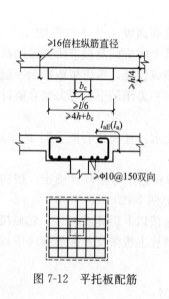

图 7-12　平托板配筋

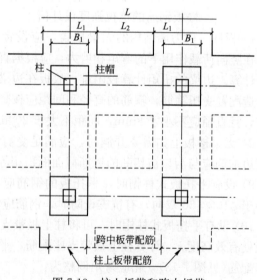

图 7-13　柱上板带和跨中板带

【实例 7-1】　某地下车库如图 7-14 所示，柱距为 8.1m×8.1m，顶板采用无梁楼盖，不考虑抗震设防，顶板厚度为 400mm，柱子 700mm×700mm，平托板柱帽 2800mm×

2800mm，厚450mm，混凝土强度等级为 C40，钢筋采用 HRB400，顶板上方填土厚度3m 作为花园。

　　要求：按经验系数法计算柱上板带及跨中板带弯矩，验算中柱柱帽冲切承载力，采用一般方法与本章第 2 条(7)所述方法计算中部某跨的配筋，并对钢筋用量进行比较。

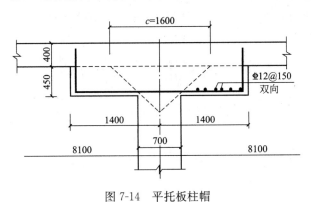

图 7-14　平托板柱帽

【解】　混凝土 C40，$f_t = 1.71\text{MPa}$，$f_c = 19.1\text{MPa}$，钢筋 HRB400，$f_y = 360\text{MPa}$。

(1) 地下室顶荷载设计值

花园活荷载 $10 \times 1.4 \times 0.7 = 9.8\text{kN/m}^2$

$\left.\begin{array}{l} \text{填土 } 18 \times 3 = 54 \\ \text{防水 } \quad 1.5 \\ \text{风道等 } \quad 0.4 \\ \text{顶板 } 25 \times 0.4 = 10 \end{array}\right\} 65.9 \times 1.35 = 88.97\text{kN/m}^2$

合计 $9.8 + 88.97 = 98.77\text{kN/m}^2$

(2) 柱帽冲切承载力验算

柱帽 $h = 850\text{mm}$，$h_0 = 810\text{mm}$

$$F_l = 8.1^2 \times 98.77 - (0.7 + 2 \times 0.81)^2 \times 98.77 = 5948.68\text{kN}$$

$$u_m = (810 + 700) \times 4 = 6040\text{mm}，\beta_h = 1.0，\eta = 1.0$$

$$[F_l] = 0.7\beta_h f_t \eta u_m h_0$$

$$= 0.7 \times 1.0 \times 1.71 \times 1 \times 6040 \times 810/1000$$

$$= 5856.20\text{kN} < F_l，仅差 1.6\%，基本满足；$$

柱帽外，$F_l = [8.1^2 - (2.8 + 0.72)^2] \times 98.77 = 5256.50\text{kN}$

$$u_m = (360 + 2800) \times 4 = 12640\text{mm}$$

$$[F_l] = 0.7 \times 1.0 \times 1.71 \times 1 \times 12640 \times 360/1000 = 5446.83\text{kN} > F_l$$

(3) 弯矩计算

x 方向和 y 方向因为柱距相等，各弯矩相同，总弯矩设计值由本章 2 条(5)得：

$$M_0 = \frac{1}{8}ql_y\left(l_x - \frac{2}{3}c\right)^2$$

$$= \frac{1}{8} \times 98.77 \times 8.1 \times \left(8.1 - \frac{2}{3} \times 1.6\right)^2$$

$$= 4947.01\text{kN} \cdot \text{m}$$

柱上板带和跨中板带的弯矩系数按表 7-2 得：

柱上板带：支座弯矩 $M'_支=0.5×4947.01=2473.5kN \cdot m$

跨中弯矩 $M'_中=0.18×4947.01=890.46kN \cdot m$

跨中板带：支座弯矩 $M_支=0.17×4947.01=840.99kN \cdot m$

跨中弯矩 $M_中=0.15×4947.01=742.05kN \cdot m$

计算调整后弯矩为：

$$M''_支=M'_支\left(\frac{L_1}{B_1}\right)-\left(\frac{L_1-B_1}{L_2}\right)M_支$$

$$=2473.5×\left(\frac{4.05}{2.8}\right)-\left(\frac{4.05-2.8}{4.05}\right)×840.99$$

$$=3318.18kN \cdot m$$

$$M''_中=M'_中\left(\frac{L_1}{B_1}\right)-\left(\frac{L_1-B_1}{L_2}\right)M_中$$

$$=890.46×\left(\frac{4.05}{2.8}\right)-\left(\frac{4.05-2.8}{4.05}\right)×742.05$$

$$=1058.97kN \cdot m$$

（4）配筋计算

配筋计算按参考文献 [47] 手算方法，$\alpha_s=\dfrac{M}{f_c bh_0^2}$，$\xi=1-\sqrt{1-2\alpha_s}$，$\gamma_s=\dfrac{\alpha_s}{\xi}$，

$A_s=\dfrac{M}{f_y \gamma_s h_0}$。

① 采用一般方法计算

柱上板带：支座 $\alpha_s=\dfrac{2473.5×10^6}{19.1×4050×360^2}=0.247$，$\gamma_s=0.855$

$$A_s=\frac{2473.5×10^6}{360×0.855×360×4.05}=5511.7mm^2/m$$

跨中 $\alpha_s=\dfrac{890.46×10^6}{19.1×4050×360^2}=0.089$，$\gamma_s=0.953$

$$A_s=1780.17mm^2/m，\Phi16@110$$

跨中板带：支座 $\alpha_s=\dfrac{840.99×10^6}{18.1×4050×360^2}=0.084$，$\gamma_s=0.955$

$$A_s=1677.75mm^2/m，\Phi20@180$$

跨中 $\alpha_s=\dfrac{742.05×10^6}{19.1×4050×360^2}=0.074$，$\gamma_s=0.961$

$$A_s=1417.13mm^2/m，\Phi18@180$$

② 采用本章优化所述方法计算

柱上板带：支座 $\alpha_s=\dfrac{3318.18×10^6}{19.1×2800×810^2}=0.095$，$\gamma_s=0.95$

$$A_s=\frac{3318.18×10^6}{360×0.95×810×2.8}=4277.9mm^2/m，\Phi25@120$$

跨中 $\alpha_s = \dfrac{1058.97 \times 10^6}{19.1 \times 2800 \times 360^2} = 0.153$, $\gamma_s = 0.916$

$$A_s = 3185.85 \text{mm}^2/\text{m}, \, \Phi 22@120$$

跨中板带同一般方法，布筋范围宽为 5.3m。

③ 一般方法钢筋布置如图 7-15(a)所示，按本章优化所述方法如图 7-15(b)所示，因为柱上板带支座配筋按柱帽有效高度计算，相比一般方法可节省钢筋约 24.4%。

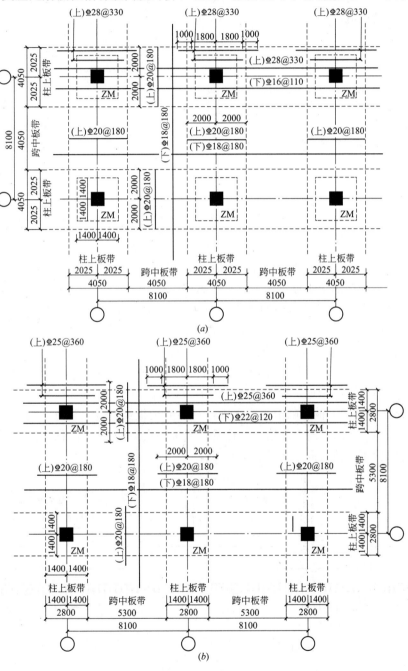

图 7-15　钢筋布置

(a)一般方法计算；(b)优化计算

3. 基础底板结构设计

（1）独立柱基抗水板结构

独立柱基抗水板基础（见图 7-16）是一种在国家规范中尚无规定，但在许多实际工程中采用的结构类型。这种形式可有效地控制主楼与裙房或地下车库基础之间的差异沉降，传力明确且工程费用低。

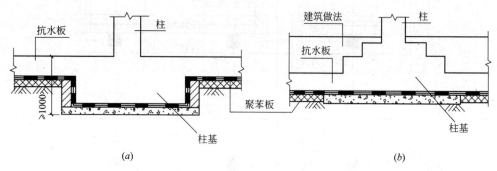

图 7-16　独立柱基抗水板

（2）受力特点

1）在独立柱基抗水板基础中，抗力板只用做抗水，不考虑如一般筏板传递荷载给地基。独立柱基承担全部结构重量并考虑水浮力的影响。

2）作用在抗水板上的荷载有地下水浮力 q_w，抗水板自重 q_s 及其上建筑做法重量 q_a。受力有两种情况：① 当 $q_w \leqslant q_s + q_a$ 时（均为荷载效应基本组合设计值），建筑物的重量（包括抗水板）将全部由独立柱基传给地基[见图 7-17(a)]；② 当 $q_w \geqslant q_s + q_a$ 时，抗水板承受水浮力，独立柱基底面的地基反力将因为水浮力而减少（此时应按最低水位时柱基底面反力减去水托力后仍应小于地基承载力）[见图 7-17(b)]。

3）在独立柱基抗水板基础中，抗水板是一种复杂板类构件，当 $q_w \geqslant q_s + q_a$ 时，将水压净浮力[$q_w - (q_s + q_a)$]向上传给独立柱基。当抗浮水头低于抗水板底时，荷载 $q_s + q_a$ 及抗水板上方的使用活荷载向下传给独立柱基。

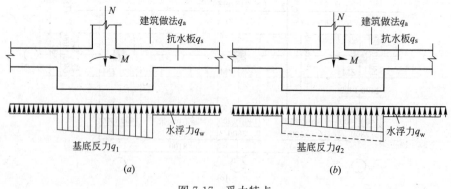

图 7-17　受力特点

（3）抗水板计算

1）设计荷载：① 向下重力荷载设计值，一般包括抗水板自重、抗水板上部建筑地面做法及活荷载；② 向上水浮力，按抗浮设计水位的水浮力设计值（荷载分项系数取 1.3）减去抗水板自重及其上部建筑做法标准值。

2）抗水板向下重力荷载作用下：① 按四角支承在独立柱基上的复杂受力双向板计算支座和跨中弯矩（见图 7-18）；② 按无梁楼盖双向板经验系数法计算。

3）抗水板向上浮力作用下应连同独立柱基按倒无梁楼盖计算。

4）抗水板向下重力荷载作用下按四角支承在独立柱基上时，当抗水板下无水浮荷载 q_w 时（北京现在许多工程处于此情况），荷载有抗水板上部建筑地面做法、抗水板自重及活荷载组合设计值 q_g，将防水板的支承反力按四角支承的实际长度（也就是防水板与独立基础的交接线长度，当各独立基础平面尺寸相近或相差不大时，可近似取图 7-18 中的独立基础的底边总长度）转化为沿独立基础周边线性分布的等效线荷载 q_e 及等效线弯矩 m_e，并按下列公式计算：

$$q_e \approx \frac{q_{wj}(l_x l_y - a_x a_y)}{2(a_x + a_y)} \tag{7-35}$$

$$m_e = k q_{wj} l_x l_y \tag{7-36}$$

式中：a_x、a_y——独立基础在 x，y 向的底面边长（m）；

k——防水板的平均固端弯矩系数，可按表 7-6 取值；其中 $a = \sqrt{a_x a_y}$。

防水板的平均固端弯矩系数　　　　　　　　　　表 7-6

a/l	0.20	0.25	0.30	0.35	0.40	0.45	0.50
k	0.110	0.075	0.059	0.048	0.039	0.031	0.025
a/l	0.55	0.60	0.65	0.70	0.75	0.80	
k	0.019	0.015	0.011	0.008	0.005	0.003	

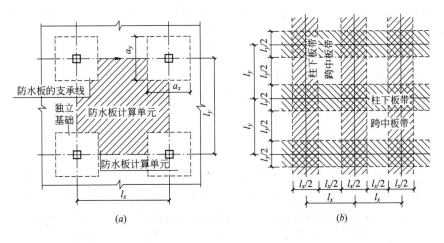

图 7-18　抗水板计算

（a）防水板的支承条件；（b）左梁楼盖的板带划分

（4）独立柱基计算（见图 7-19）

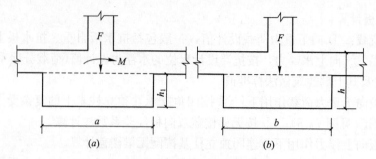

图 7-19　独立柱基抗水板

$(a)x$ 向；$(b)y$ 向

1）竖向荷载 F 及弯矩 M 标准值作用下计算：

① 轴心受压时基底面积

$$A=a\times b=(F+G)/f_a \tag{7-37}$$

② 单向偏心受压时基底最大反力

$$P_{max}=（F+G）/A+M/W\leqslant1.2f_a \tag{7-38}$$

③ 双向偏心受压时基底最大反力

$$P_{max}=(F+G)/A+M_x/M_y+M_y/W_x\leqslant1.2f_a \tag{7-39}$$

式中：F——上柱及抗水板传给柱基的轴力标准值(kN)；

　　　G——柱基重量，$G=Ah_1\times25$(kN)；

M_x、M_y——沿 x 和 y 方向上部柱底弯矩标准值(kN·m)；

W_x、W_y——柱基底 x、y 轴面积矩(m^3)；

　　　f_a——地基承载力特征值(kPa)。

2）独立柱基内力及承载力计算

① 受柱竖向荷载 N（作用在抗水板面上的桩竖向荷载）设计值和弯矩 M 设计值作用下柱基受冲切承载力计算见《地基规范》及参考文献 [58]。

② 独立柱基连同抗水板按无梁楼盖整体计算弯矩。

a. 无人防等效荷载和水浮力作用时（见图 7-20）：

无梁楼盖应按 x 方向和 y 方向分别计算弯矩。x 方向荷载分布如简图 7-20(a)所示，y 方向荷载分布如图 7-20(b)所示。

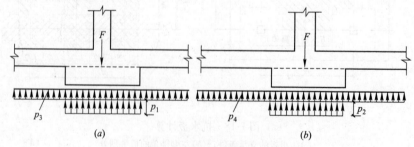

图 7-20　独立柱基按无梁板

$(a)x$ 方向；$(b)y$ 方向

$p_3 = qL_y$；$p_4 = qL_x$；$p_1 = 1.3F/A \times b$；$p_2 = 1.3F/A \times a$；$q = 1.3q_w - (q_s + q_a)$。

b. 有人防等效荷载和水浮力作用时（见图 7-20）：

$q_3 = (q + q_z)L_y$；$q_4 = (q + q_z)L_x$；q_z 为人防等效荷载；p_1、p_2、q 意义同上。

③ 在 q_3 和 q_4 作用下可采用无梁楼盖经验系数法计算 x 方向和 y 方向总弯矩，然后按本章第 2 条(5)确定柱下板带和跨中板带的弯矩。

④ 在柱基下 P_1 和 P_2 作用下应采用无梁楼盖等代梁(可按等截面梁)弯矩分配法，计算固端弯矩及支座、跨中总弯矩，然后按表 7-3 分配系数确定柱下板带和跨中板带的弯矩。等代梁法见本章第 2 条(5)的 3)至 5)。

⑤ 独立柱基抗水板整体按无梁楼盖的柱下板带和跨中板带弯矩值应由上述③和④相叠加。

⑥ 一般独立柱基面积较大，当基底宽度小于 1/2 柱距时，可将柱下板带宽度折算成柱基底宽度，相应调整柱下板带弯矩值，支座弯矩作用下的配筋按柱基有效截面高度计算，这样可节省钢筋，参见[实例 7-1]。跨中板带及柱下板带跨中部分的配筋计算，按抗水板的有效截面高度确定。

⑦ 与人防等效荷载组合时，截面设计的钢筋强度设计值和混凝土强度设计值均可按《人民防空地下室设计规范》GB 50038—2005 调整提高。

⑧ 抗水板按本条(3)款 2)计算所得弯矩的配筋与本条(4)款 2)中⑤计算所得弯矩的配筋相比较，取大值。

⑨ 独立柱基及外墙地基承载力的取值见第六章第 1 条。

3) 构造要求

① 独立柱基抗水板的混凝土强度宜取 C30～C40，为控制裂缝不宜大于 C40。

② 为了使抗水板不承受地基反力，又能约束柱基周围的土，在其下部铺设的聚苯板(见图 7-16 和图 7-17)的厚度既不能太厚也不能太薄，当密度为 15kg/m³ 时，压缩厚度可达 60%(聚苯板厚度 50mm 可压缩成 20mm)，所需厚度应根据柱基与主楼基础差异沉降值达到规范要求确定，并应注意柱基及主楼基础计算得到的沉降值乘以系数 0.5～0.6 后来确定实际差异沉降值。

③ 抗水板上部钢筋在独立柱基范围拉通，下部钢筋在独立柱基边按搭接长度伸入柱基内，柱基下部钢筋在柱基边上弯锚入抗水板按搭接长度(也可按柱下板带支座弯矩变化在基底截断一半)，如图 7-21 所示。

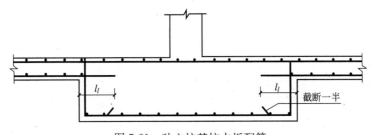

图 7-21 独立柱基抗水板配筋

④ 抗水板与地下室外墙相连支座，可按固端与外墙整体计算。柱下板带在外墙不设扶壁柱及柱基，外墙设条基见本章第 4 条，沿外墙边可不设柱下板带，按平行外墙的边跨

跨中板带配筋延伸到墙边(见图7-26)。

⑤ 独立柱基抗水板有如图7-16所示两种构造。由于目前地下车库工程中,因为使用中不准冲洗汽车及考虑卫生条件,不再设置排水沟而在抗水板上直接做50mm厚细石混凝土随浇随抹建筑面层,如果抗水板上设较厚(一般为400mm)做法,增加了基坑护坡、土方、墙高、回填材料及施工工期,将增大综合造价,因此不宜采用图7-16(b)所示方案,而常采用图7-16(a)所示方案。

⑥ 抗水板是一种面形构件,目前没有计算裂缝的方法,可不计算裂缝,与人防等效荷载组合时更没必要计算。

4)工程实例

【实例7-2】 北京某工程的单层地下车库,与周围高层住宅楼相邻属附建式地下车库,按《北京细则》不考虑抗震设防。车库顶板上覆土3m作为花园,柱网8.1m×8.1m,层高3.3m。顶板采用无梁楼盖平托板柱帽,顶板厚400mm,平托板3.8m×3.8m,厚500mm,柱700mm×700mm,基础采用独立柱基抗水板,柱基为4.6m×4.6m,高1m,抗水板厚400mm,抗浮设计水位在顶板上皮往下100mm,抗水板底水高3.3m。结构混凝土均为C35,钢筋HPB400。要求车库顶板、抗水板及柱基配筋,计算取若干中柱为例。

【解】(1)地下车库顶板

1)荷载

花园活荷载按 $10kN/m^2$

$$\left.\begin{array}{l} 填土\ 18×3=54kN/m^2 \\ 防水层\ 20×0.075=1.5kN/m^2 \\ 顶板\ 25×0.4=10kN/m^2 \\ 风道等\ 0.4kN/m^2 \end{array}\right\}65.9kN/m^2$$

由于活荷载比例少于总荷载的26%,应按永久荷载控制,并根据《荷载规范》有关规定进行荷载组合及无梁楼盖、基础计算时活荷载折减系数为0.8。

顶板荷载设计值

$$q=65.9×1.35+10×0.98×0.8$$
$$=96.81kN/m^2$$

2)顶板冲切承载力计算(见图7-22)混凝土C35, $f_t=1.57N/mm^2$

① 柱帽与顶板交接面计算

$$F_l=(8.1^2-4.6^2)×96.81=4303.2kN$$

顶板 $h=400mm$, $h_0=350mm$

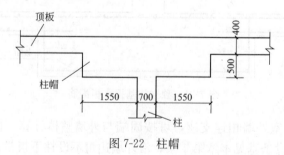

图7-22 柱帽

$$u_m = (3800 + 350) \times 4 = 16600mm, \quad \eta_2 = 0.5 + \frac{40 \times 350}{4 \times 16600} = 0.71$$

$$[F_l] = 0.7\beta_h f_t \eta u_m h_0$$

$$= 0.7 \times 1 \times 1.57 \times 0.71 \times 16600 \times 350/1000 = 4533.48kN > F_l \ 满足$$

② 柱与柱帽交接面计算

$$F_l = (8.1^2 - 2.5^2) \times 96.81 = 5746.64kN, \quad \eta = 1$$

$$u_m = (700 + 850) \times 4 = 6200mm$$

$$[F_l] = 0.7 \times 1 \times 1.57 \times 1 \times 6200 \times 850/1000 = 5791.73kN > F_l \ 满足$$

3) 顶板无梁楼盖弯矩及配筋计算

① 弯矩计算按本章第 2 条及表 7-2

$$q = 96.81kN/m^2, \quad c = (350 + 500) \times 2 = 1700mm$$

$$M_0 = \frac{1}{8}qL\left(L - \frac{2}{3}c\right)^2$$

$$= \frac{1}{8} \times 96.81 \times 8.1 \times \left(8.1 - \frac{2}{3} \times 1.7\right)^2 = 4757.35kN \cdot m$$

柱上板带

$$M_支 = 0.5 \times 4757.35 = 2378.68kN \cdot m$$

$$M_中 = 0.17 \times 4757.35 = 808.75kN \cdot m$$

跨中板带

$$M_支 = 0.18 \times 4757.35 = 856.32kN \cdot m$$

$$M_中 = 0.15 \times 4757.35 = 713.60kN \cdot m$$

② 柱帽宽度 3.8m $< \dfrac{L}{2} = 4.05m$，柱上板带弯矩按本章第 2 条(7)的 10)进行调整。

$$M''_支 = M'_支\left(\frac{L_1}{B_1}\right) - \frac{(L_1 - B_1)}{L_2}M_支$$

$$= 2378.68 \times \left(\frac{4.05}{3.8}\right) - \frac{(4.05 - 3.8)}{4.05} \times 856.32 = 2482.31kN \cdot m$$

$$M''_中 = M'_中\left(\frac{L_1}{B_1}\right) - \frac{(L_1 - B_1)}{L_2}M_中$$

$$= 808.75 \times \left(\frac{4.05}{3.8}\right) - \frac{(4.05 - 3.8)}{4.05} \times 713.60 = 817.91kN \cdot m$$

③ 配筋计算

混凝土 C35，$f_c = 16.7N/mm^2$，$\alpha_s = \dfrac{M}{f_c bh_0^2}$，$\xi = 1 - \sqrt{1 - 2\alpha_s}$，$\gamma_s = \dfrac{\alpha_s}{\xi}$，HRB400 钢筋，$f_y = 360N/mm^2$，$A_s = \dfrac{M}{f_c \gamma_s h_0}$

柱上板带：

支座 $\quad \alpha_s = \dfrac{2482.31 \times 10^6}{16.7 \times 3800 \times 850^2} = 0.054$，$\xi = 1 - \sqrt{1 - 2 \times 0.054} = 0.056$

$$\gamma_s = \frac{0.054}{0.056} = 0.964, \quad A_s = \frac{2482.31 \times 10^6}{0.964 \times 360 \times 850} = 8415.1mm^2, \quad 22 \ \phi \ 22@160$$

跨中　$\alpha_s = \dfrac{817.91 \times 10^6}{16.7 \times 3800 \times 350^2} = 0.105$，$\xi = 0.111$，$\gamma_s = 0.946$

$$A_s = \frac{817.91 \times 10^6}{0.946 \times 360 \times 350} = 6861.9 \text{mm}^2，22 \, \phi 20@160$$

跨中板带：$h_0 = 350\text{mm}$，$b = 4050\text{mm}^2$

支座 $M_支 = 856.32 \text{kN} \cdot \text{m}$，$A_s = 7184.13 \text{mm}^2$，$23 \, \phi 20@180$

跨中 $M_中 = 713.60 \text{kN} \cdot \text{m}$，$A_s = 5930.36 \text{mm}^2$，$23 \, \phi 18@180$

顶板配筋布置平面见图 7-23。

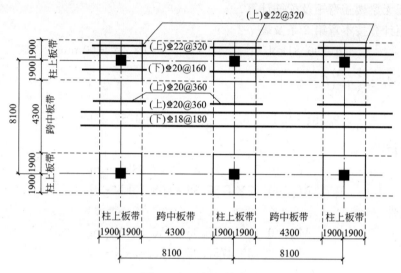

图 7-23　顶板钢筋布置

（双方向相同）

（2）柱基及抗水板

1）抗水板

荷载：地面 $0.05 \times 20 = 1 \text{kN/m}^2$　$\left.\right\}$ $11 \text{kN/m}^2 \times 1.2 = 13.2 \text{kN/m}^2$
抗水板 $0.4 \times 25 = 10 \text{kN/m}^2$

活荷载　$4 \times 1.3 = 5.2 \text{kN/m}^2$

荷载设计值　$q = 13.2 + 5.2 = 18.4 \text{kN/m}^2$

当没有水浮力且有荷载向下时，按本章第 3 条（3）计算弯矩及配筋。柱基为 $4.6\text{m} \times 4.6\text{m}$，即 a_x、$a_y = 4.6\text{m}$，$a/L = 4.6/8.1 = 0.568$，查表 7-6 得 $k = 0.0176$，沿柱边等效线弯矩为：

$$m_e = kqL_x L_y = 0.0176 \times 18.4 \times 8.1^2 = 21.25 \text{kN} \cdot \text{m}$$

$$\alpha_s = \frac{21.25 \times 10^6}{16.7 \times 1000 \times 350^2} = 0.0104，\xi = 0.0105，\gamma_s = 0.99$$

$$A_s = \frac{21.25 \times 10^6}{0.99 \times 360 \times 350} = 170.4 \text{mm}^2，\phi 12@200$$

2）柱基按轴心受压独立柱基

① 地基为粉质黏土 $f_{ak} = 200 \text{kPa}$，深度修正按《北京地基规范》8.7.1 条 2 款 $d' = d_1 + d_2/2 = (5.1 + 1.17)/2 = 3.14\text{m}$

$$f_a = f_{ak} + \eta_b\gamma(b-3) + \eta_d\gamma_m(d'-0.5)$$
$$= 200 + 0.3 \times 18 \times 3 + 1.5 \times 18 \times (3.14 - 0.5)$$
$$= 287.5\text{kPa}$$

② 荷载

顶板标准值　$q = 65.9 + 10 \times 0.8 = 73.9\text{kN/m}^2$

柱帽及柱子标准值：

$$\left.\begin{array}{l} \text{柱 } 0.7^2 \times 25 \times 2.4 = 29.4\text{kN} \\ \text{平托板 } 3.8^2 \times 0.5 \times 25 = 180.5\text{kN} \end{array}\right\} 209.9\text{kN}$$

抗水板标准值：

$$\left.\begin{array}{l} \text{地面 } 0.05 \times 20 = 1\text{kN/m}^2 \\ \text{抗水板 } 0.4 \times 25 = 10\text{kN/m}^2 \end{array}\right\} 11\text{kN/m}^2$$

活荷载 $4 \times 0.8 = 4.2\text{kN/m}^2$

$$F = (73.9 + 15.2) \times 8.1^2 + 209.9 = 6055.75\text{kN}$$

③ 需要柱基宽度　$a = \sqrt{\dfrac{6055.75}{287.5}} = 4.6\text{m}$

④ 柱基冲切承载力计算

$$F_l = (6055.75 - 15.2 \times 4.6^2) \times 1.3 = 7454.35\text{kN}, \quad p = \frac{7454.35}{4.6^2} = 352.28\text{kN/m}^2$$

$$h_0 = 950\text{mm}, \quad a_m = (700 + 2700)/2 = 1700\text{mm}$$

$$[F_l] = 0.7 \times 0.98 \times 1.57 \times 950 \times 1700/1000 = 1739.39\text{kN}$$

$$F_l = \frac{(4.6 + 2.7) \times 0.95}{2} \times 352.28 = 1221.53\text{kN} < [F_l]$$

⑤ 轴心受压柱基计算

$$M = \frac{1}{24}(L-a)^2 \times (2b+h)p$$

$$= \frac{1}{24} \times (4.6 - 0.7)^2 \times (2 \times 4.6 + 0.7) \times 352.28$$

$$= 2210.25\text{kN} \cdot \text{m}$$

$$A_s = \frac{2210.25 \times 10^6}{0.9 \times 360 \times 950} = 7180.8\text{mm}^2, \quad 23\,\phi\,20@200$$

3）有抗浮水位时柱基及抗水板整体计算

抗水板水浮力荷载（见图7-24）

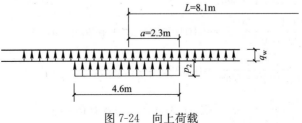

图7-24　向上荷载

抗水板荷载设计值

$$q_w = (3.3 \times 10) \times 1.2 - 11 = 28.6 \text{kN/m}^2$$

柱基下荷载设计值

$$p_2 = (352.28 - 28.6 - 33 \times 1.2) \times 4.6 = 1306.77 \text{kN/m}$$

① 按整体无梁板计算

q_w 作用下　$M_0 = \dfrac{1}{8} \times 28.6 \times 8.1 \times 8.1^2 = 1899.9 \text{kN} \cdot \text{m}$

柱下板带　$M'_{支} = 0.5 \times 1899.9 = 949.95 \text{kN} \cdot \text{m}$

$M'_{中} = 0.17 \times 1899.9 = 322.98 \text{kN} \cdot \text{m}$

跨中板带　$M_{支} = 0.18 \times 1899.9 = 341.98 \text{kN} \cdot \text{m}$

$M_{中} = 0.15 \times 1899.9 = 284.98 \text{kN} \cdot \text{m}$

p_2 作用下按等代框架计算支座及跨中总弯矩，然后按表 7-3 系数求柱下板带及跨中板带变矩：

支座总弯矩

$$M_{支} = \frac{p_2 a^2}{6} \left(3 - 2 \frac{a}{L} \right)$$

$$= \frac{1306.77 \times 2.3^2}{6} \times \left(3 - 2 \times \frac{2.3}{8.1} \right) = 2802.11 \text{kN} \cdot \text{m}$$

跨中总弯矩

$$M_{中} = \frac{p_2 a^2}{3L}$$

$$= 1306.77 \times 2.3^3 / (3 \times 8.1) = 654.3 \text{kN} \cdot \text{m}$$

柱下板带　$M'_{支} = 0.75 \times 2802.11 = 201.58 \text{kN} \cdot \text{m}$

$M'_{中} = 0.55 \times 654.3 = 359.86 \text{kN} \cdot \text{m}$

跨中板带　$M_{支} = 0.25 \times 2802.11 = 700.53 \text{kN} \cdot \text{m}$

$M_{中} = 0.45 \times 654.3 = 294.44 \text{kN} \cdot \text{m}$

② 在 q_w 和 p_2 共同作用下的总弯矩及配筋

柱下板带　$\sum M'_{中} = 949.95 + 2101.58 = 3051.53 \text{kN} \cdot \text{m}$

$\sum M'_{中} = 322.98 + 359.86 = 682.84 \text{kN} \cdot \text{m}$

跨中板带　$\sum M'_{支} = 341.98 + 700.53 = 1042.51 \text{kN} \cdot \text{m}$

$\sum M'_{中} = 284.98 + 294.44 = 579.42 \text{kN} \cdot \text{m}$

柱下板带配筋：

支座　　$\alpha_s = \dfrac{3051.53 \times 10^6}{16.7 \times 4050 \times 950^2} = 0.05$，$\xi = 0.051$，$\gamma_s = 0.98$

$$A_s = \frac{3051.53 \times 10^6}{0.98 \times 360 \times 950} = 9104.7 \text{mm}^2，29 \phi 20@140$$

跨中　　$\alpha_s = \dfrac{682.84 \times 10^6}{16.7 \times 4050 \times 350^2} = 0.082$，$\xi = 0.085$，$\gamma_s = 0.95$

$$A_s = \frac{682.84 \times 10^6}{0.95 \times 360 \times 350} = 5704.6 \text{mm}^2，29 \phi 16@140$$

跨中板带配筋：

支座　　$\alpha_s = \dfrac{1042.51 \times 10^6}{16.7 \times 4050 \times 350^2} = 0.126$，$\xi = 0.135$，$\gamma_s = 0.93$

$$A_s = \frac{1042.51 \times 10^6}{0.93 \times 360 \times 350} = 8896.7\text{mm}^2，29 \, \phi \, 20@140$$

跨中　　$\alpha_s = \dfrac{579.42 \times 10^6}{16.7 \times 4050 \times 350^2} = 0.069$，$\xi = 0.072$，$\gamma_s = 0.96$

$$A_s = \frac{579.42 \times 10^6}{0.96 \times 360 \times 350} = 4790.2\text{mm}^2，29 \, \phi \, 16@140$$

4）抗水板按本条 1）与 3）两种情况比较，取不利情况配筋，上钢筋柱下板带为 ϕ 20@ 180，跨中板带为 ϕ 16@140；下钢筋柱下板带柱基下为 ϕ 20@140，跨中板带在跨中范围为 ϕ 20@280，跨中板带在柱下板带为 ϕ 20@140，在跨中为 ϕ 20@280

配筋布置平面见图 7-25。

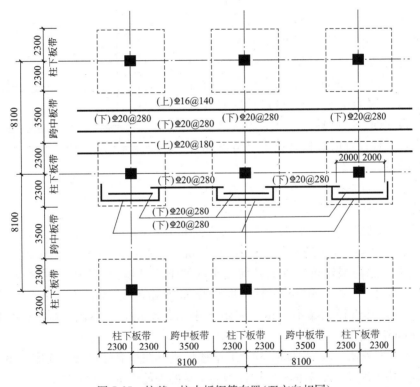

图 7-25　柱基、抗水板钢筋布置（双方向相同）

4. 地下室外墙结构设计

（1）地下室外墙的厚度应根据具体工程确定，考虑到承受土压、水压及防水功能其厚度应不小于 250mm，超长结构外墙厚度不宜小于 300mm。地下室外墙的混凝土养护难度大，控制裂缝比其他构件困难，而混凝土强度等级高时，更不易控制混凝土裂缝，因此，混凝土强度等级宜低不宜高，不论多层建筑还是高层建筑的地下室外墙，承受轴向压力、剪刀对混凝土强度等级不需要太高，土压、水压作用下按偏压构件或按弯曲构件计算，混凝土强度等级高低对配筋影响很小，所以混凝土强度等级宜采用C25～C30。地下室内部墙体及柱子。受力大，混凝土易养护对控制裂缝有利，因此混凝土强度等级应根据结构设计需要进行确定。

（2）地下室外墙在水平方向支承构件可能是墙或柱，间距可能不等，如果按实际情况计算外墙板，类型可能较多，如果支座是柱子，柱必须竖向计算在外墙水平荷载作用下弯曲组合的偏压计算。为了计算简单，外墙配筋统一，外墙在水平侧向荷载作用下按单向板计算，并在楼板处按铰支座，在与基础底板相交处按固接。

无论有地上建筑或无地上建筑，地下室外墙除承受水平荷载外，均有竖向轴力存在，应按偏心受压构件计算，按纯弯计算混凝土裂缝宽度是不切实际的，造成计算结果裂缝超宽而增加钢筋。

（3）地下室外墙竖向钢筋与基础底板的连接，因为外墙厚度一般远小于基础底板，底板计算时在外墙端常按铰支座考虑，外墙在底板端计算时按固端，因此底板上下钢筋可伸至外墙外侧，在端部可不设弯钩（底板上钢筋锚入支座长度按$5d$就够），外墙外侧竖向钢筋在基础底板弯后的直段长度与底板下钢筋相连（按其搭接长度要求），按此构造底板端部实际已具有与外墙固端弯矩同值的承载力，工程设计时底板计算也可考虑此弯矩的有利影响（见图7-26）。

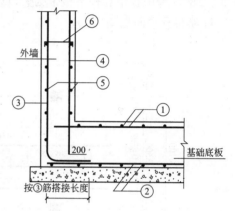

图7-26　外墙竖向钢筋与底板连接构造

（4）《高层建筑混凝土结构技术规程》JGJ 3—2010（简称《高规》）第12.2.5条规定：高层建筑地下室外墙，其竖向和水平钢筋应双层双向布置，间距不宜大于150m，配筋率不宜小于0.3％。许多工程的地下室外墙实际情况表明由于混凝土养护比较困难，裂缝控制难度较大，除高层建筑以外的其他建筑的地下室外墙竖向钢筋配筋率均不宜小于0.3％，外墙厚度不大于600mm时，水平分布钢筋的配筋率还应适当增大，宜为0.4％～0.5％，其直径宜细不宜粗，间距不小于150mm，并宜将水平分布钢筋布置在竖向钢筋的外侧。

（5）地下车库外墙可以不设附壁柱，无梁楼板或梁在外墙端可按铰支座，虽加大了无梁楼板或梁的跨中配筋，但不再配附壁柱钢筋，总的钢筋用量反而节省。

在地下室外墙的附壁柱处，实为外墙截面突变，最易产生竖向裂缝，不少工程就在这些部位出现此类裂缝。为了控制裂缝，实践表明在附壁柱两侧采取如图7-27所示必要的附加钢筋措施是有效的。

地下室外墙与基础底板交界处不需要设置基础梁或暗梁，地下室仅有一层时的外墙顶部宜配置两根直径不小于20mm的通长构造钢筋。在多层地下室的外墙与楼板交接处不应设附加钢筋，更不应设暗梁。

（6）地下车库的外墙，当地下室底板采用满堂筏板（梁板式或平板式）或独立柱基抗水板时，底板也不必伸出外墙边。中部独立柱基抗水板，外墙下部为条形基础，其宽度按地

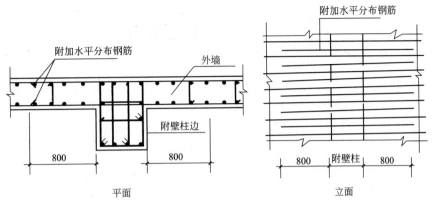

图 7-27　地下室外墙附壁柱旁附加钢

基承载力确定，条基外边与外墙平，反力产生的偏心可按整体计算考虑，地下室外墙与地下室顶板及抗水板取边一跨整体计算确定配筋（见图 7-28）。

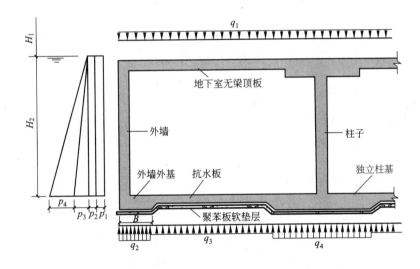

图 7-28　地下室顶板、底板与外墙整体计算

q_1—填土重、顶板重、地面活荷载；q_2—条基反力（不计水压力）；q_3—水压力减抗水板及地面重；

q_4—柱基反力（不计水压力）；p_1—地面活荷载侧压力（$p_1=kp$）；p_2—顶板以上土侧压（$p_2=kH_1\gamma$）；

p_3—水位以下土侧压（$p_3=kH_2\gamma'$）；p_4—水侧压（$p_4=H_2\gamma''$）

（7）工程实例。

【实例 7-3】　地下车库，单层，采用无梁楼盖，层高 3.3m，底板为独立柱基抗水板，柱网 8m×8m，上有覆土厚 3m 的花园，顶板及抗水板厚度均为 400mm，外墙厚为 300mm，混凝土强度等级 C30，钢筋采用 HRB400，地基土为粉质黏土，$f_{ak}=200$kPa，抗浮设计水位及计算水压水位为顶板上皮。要求确定外墙条形基础宽度，外墙和顶板、抗水板边跨配筋。

【解】（1）荷载计算

① 地下室顶板：花园活荷载按 10kN/m²

119

$$\left.\begin{array}{l} \text{填土 } 18\times3=54 \\ \text{防水 } 20\times0.075=1.5 \\ \text{风道等 } 0.4 \\ \text{顶板 } 25\times0.4=10 \end{array}\right\} 65.9\text{kN/m}^2$$

$q_k=10+65.9=75.9\text{kN/m}^2$，$q=10\times0.98+65.9\times1.35=98.8\text{kN/m}^2$

$$\left.\begin{array}{l} ② \text{抗水板：汽车活荷载 } 2.5\text{kN/m}^2 \\ \text{面层 } 20\times0.05=1.0 \\ \text{抗水板 } 25\times0.4=10 \end{array}\right\} 13.5\text{kN/m}^2=q_k$$

$$q=2.5\times1.4+11\times1.2=16.7\text{kN/m}^2$$

③ 外墙：$25\times0.3=7.5\text{kN/m}^2$

（2）计算外墙条形基础宽度

地下室顶板、墙、抗水板恒荷载折算对地基的超载值：

$$F=65.9+11+\frac{7.5\times2.9}{4.25}=82\text{kN/m}^2，d'=82/18=4.56\text{m}$$

室外地面至基底 $d_{外}=3+3.3+0.6=6.9\text{m}$

按参考文献[11]、[58]

$$d=\frac{6.9+4.56}{2}=5.73\text{m}$$

$$f_a=f_{ak}+\gamma_d\gamma_m(d-0.5)=200+1.5\times14.5\times(5.73-0.5)=313.7\text{kN/m}^2$$

条形基础 $N_k=75.9\times4.25+7.5\times2.9+13.5\times3.95=397.7\text{kN/m}$

需要宽度 $B=\dfrac{N_k}{f_a}=\dfrac{397.7}{313.7}=1.27\text{m}$，取 1.3m

（3）外墙荷载作用及弯矩（见图7-29）

$$p_1=0.33\times18\times3\times1.2=21.4\text{kN/m}$$

$$p_2=21.4+0.33\times11\times3.3\times1.2=35.8\text{kN/m}$$

$$p_3=10\times3.3\times1.2=39.6\text{kN/m}$$

$$p_4=0.33\times10\times1.3=4.3\text{kN/m}$$

弯矩计算：

$$q_1=21.4+4.3=25.7\text{kN/m}$$

$$q_2=35.8+39.6+4.3=79.7\text{kN/m}$$

$$M_A=\frac{1}{12}\times25.7\times3.1^2+\frac{1}{20}\times54\times3.1^2=46.53\text{kN}\cdot\text{m}$$

$$M_B=\frac{1}{12}\times25.7\times3.1^2+\frac{1}{30}\times54\times3.1^2=37.88\text{kN}\cdot\text{m}$$

（4）顶板及抗水板端部弯矩计算

顶板及抗水板按经验系数法无梁楼板计算，并且顶板边支座调幅系数取 0.5，柱上板带和跨中板带弯矩取平均值，并按每延米值与外墙一次弯矩分配与远端不传递。

顶板端弯矩

$$M_B=\frac{98.8\times8.2^2}{8}\times0.53\times0.5=220.1\text{kN}\cdot\text{m}$$

抗水板端弯矩

$$p_1 = 10 \times 3.7 \times 1.2 - 11 \times 1.2 = 31.2 \text{kN/m}$$

$$p_2 = \frac{397.3 \times 1.3}{1.3} - 31.2 = 366.1 \text{kN/m}$$

$$M_A = \frac{31.2 \times 8.2}{8} \times 0.53 + 0.00807 \times 366.1 \times 8.2^2 = 337.6 \text{kN} \cdot \text{m}$$

墙与抗水板连接节点弯矩分配应考虑抗水板变截面的线刚度，其计算方法参见湖南大学1959年8月版的《结构力学》第468、469页。

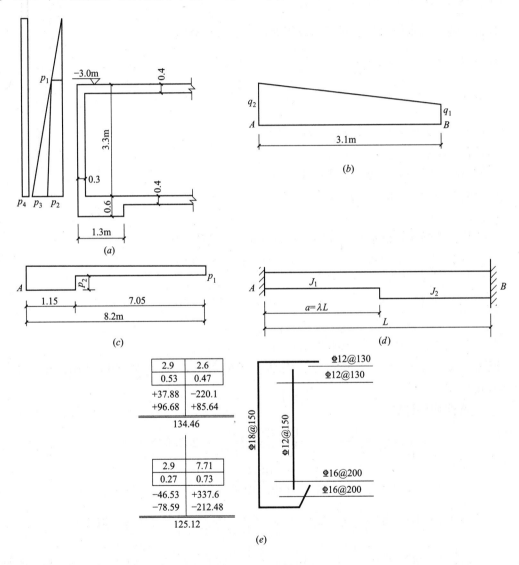

图 7-29　计算简图

(a) 外墙荷载作用及尺寸；(b) AB跨计算简图；(c) 抗水板计算简图；

(d) 墙与抗水板连接计算简图；(e) 弯矩分配及配筋

等截面的刚度

$$S_{AB} = S_{BA} = 4\frac{EJ}{L} = 4i$$

变截面的刚度

$$S_{AB} = \frac{4(1+\mu\lambda^3)}{[(1+\mu\lambda^2)^2 + 4\mu\lambda(1-\lambda)^2]} \times \frac{EJ_2}{L}$$

$$S_{BA} = \frac{4[1+\mu(3\lambda - 3\lambda^2 + \lambda^3)]}{[(1+\mu\lambda^2)^2 + 4\mu\lambda(1-\lambda)^2]} \times \frac{EJ_2}{L}$$

式中　$\lambda = \dfrac{a}{L}$，$n = J_1/J/2$，$\mu = \dfrac{1}{n} - 1$。

顶板、墙、抗水板混凝土强度等级相等，刚度按相对值。

顶板 $S = \dfrac{4^3}{12} \times \dfrac{4}{8.2} = 2.6$，墙 $S = \dfrac{3^3}{12} \times \dfrac{4}{3.1} = 2.9$

抗水板 $J_1 = \dfrac{4^3}{12} = 5.33$，$J_2 = \dfrac{6^3}{12} = 18$，$n = J_1/J_2 = 0.296$，$\mu = \dfrac{1}{n} - 1 = 2.38$，$\lambda = 0.14$，代入上述公式，$S_A = 7.712$

（5）配筋计算

墙顶 $A_s = 1640 \text{mm}^2$，$\phi 18@150$（1696mm^2）

墙内侧中 $A_s = 692\text{mm}^2$，$\phi 12@150$

墙根 $\phi 18@150$

墙条基按墙延续，抗水板上铁 $A_s = 831\text{mm}^2$，$\phi 16@200$

顶板跨中 $M_{中} = 489.6 \text{kN} \cdot \text{m}$，$A_s = 4624\text{mm}^2$，$\phi 28@130$

（6）墙下部裂缝验算

轴力 $N_k = \left.\begin{array}{l} \text{顶板传重}(10+65.9) \times 4.25 = 322.57\text{kN} \\ \text{墙重 } 0.3 \times 25 \times 2.9 = 21.75\text{kN} \end{array}\right\} 344.32\text{kN}$

弯矩 M_k 按 $125.12/1.2 = 104.27\text{kN} \cdot \text{m}$

混凝土 C30，$f_{tk} = 2.01\text{N/mm}^2$，钢筋 $\phi 18@150$，$A_s = 1696\text{mm}^2/\text{m}$，$E_s = 2 \times 10^5 \text{N/mm}^2$。

① 按弯曲构件计算

$$\sigma_{sq} = \frac{M_k}{0.87h_0A_s} = \frac{104.27 \times 10^6}{0.87 \times 250 \times 1696} = 282.67\text{N/mm}^2$$

$$\rho_{te} = \frac{A_s}{A_{te}} = \frac{1696}{150 \times 1000} = 1.13\%$$

$$\psi = 1.1 - 0.65\frac{f_{tk}}{\rho_{te}\sigma_{sq}} = 1.1 - 0.65 \times \frac{2.01}{1.13 \times 282.67} = 1.096，\text{取 } 1.0$$

$$w_{max} = \alpha_{cr}\psi\frac{\sigma_{s2}}{E_s}\left(1.9C + 0.08\frac{d_{eq}}{\rho_{te}}\right) = 2.1 \times 1 \times \frac{282.67}{2 \times 10^5} \times \left(1.9 \times 40 + 0.08 \times \frac{18}{1.13}\right) = 0.23\text{mm}$$

② 按偏心受压构件计算

$$N_k = 344.32\text{kN}，e_0 = \frac{M_k}{N_k} = \frac{104.27}{344.32} = 0.3\text{m} = 300\text{mm}$$

$$\eta_s = 1 + \frac{1}{4000e_0/h_0}\left(\frac{L_0}{h}\right)^2 = 1 + \frac{1}{4000 \times \frac{0.3}{0.25}} \times \left(\frac{3.1}{0.3}\right)^2 = 1.0, \quad 当 \frac{L_0}{h} < 14, \quad 取 1.0$$

$$y_s = 0.15 - 0.05 = 0.1\text{m}$$

$$e = \eta_s e_0 + y_s = 1 \times 0.3 + 0.1 = 0.4\text{m}$$

$$Z = \left[0.87 - 0.12(1 - \gamma'_f)\left(\frac{h_0}{e}\right)^2\right]h_0 = \left[0.87 - 0.12 \times \left(\frac{0.25}{0.4}\right)^2\right] \times 250 = 205.78\text{mm}$$

$$\sigma_{sq} = \frac{N_k(e - Z)}{A_s Z} = \frac{344.32 \times 10^3 \times (400 - 205.78)}{1696 \times 205.78} = 191.61\text{N/mm}^2$$

$$w_{max} = \alpha_{cr}\psi\frac{\sigma_{sq}}{E_s}\left(1.9C + 0.08\frac{d_{dq}}{\rho_{te}}\right) = 2.1 \times 1 \frac{191.61}{2 \times 10^5}\left(1.9 \times 40 + 0.08 \times \frac{18}{1.13}\right) = 0.16\text{mm}$$

按偏心受压验算所得裂缝宽度小于按弯曲构件验算的裂缝宽度。因此，在实际工程的地下室外墙如果按弯曲构件验算所得裂缝宽度大于规范规定值时，不应该采用增加配筋的方法简单处理，而应该按偏心受压构件验算裂缝宽度。

5. 跳仓法施工

（1）地下车库结构的跳仓法施工应遵照第三章的有关规定。

（2）基础底板和楼盖结构采用跳仓法施工时，施工操作要求同第四章和第五章。

（3）地下室外墙采用跳仓法施工时，其仓格长度不宜大于4.0m。当采用施工后浇带时，应沿外墙30～40m设一条800mm宽施工后浇带，后浇带的混凝土强度等级可与墙体或地下室顶板的混凝土强度相同，不应掺加微膨胀剂，浇筑时间可在地下室顶板浇筑混凝土时同时浇灌，间隔时间不少于7d。

（4）地下室外墙在与基础底板交接部位，为保证防水质量，施工接头缝位置应高出基础底板上皮不小于500mm，在接缝处设置钢板止水带，如图7-30所示。

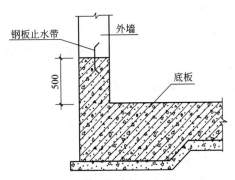

图7-30　外墙与基础底板留施工缝

参 考 文 献

[1] 中国建筑科学研究院．高层建筑混凝土结构技术规程 JGJ 3—2010. 北京：中国建筑工业出版社，2011.

[2] 中国建筑科学研究院．建筑抗震设计规范 GB 50011—2010. 北京：中国建筑工业出版社，2010.

[3] 中国建筑科学研究院．混凝土结构设计规范 GB 50010—2010. 北京：中国建筑工业出版社，2011.

[4] 中国建筑科学研究院．建筑结构荷载规范 GB 50009—2012. 北京：中国建筑工业出版社，2012.

[5] 中国建筑科学研究院．建筑地基基础设计规范 GB 50007—2010. 北京：中国建筑工业出版社，2011.

[6] 中国建筑科学研究院．高层建筑箱形与筏形基础技术规范．JGJ 6—2011. 北京：中国建筑工业出版社，2011.

[7] 中国建筑科学研究院．建筑桩基技术规范．JGJ 94—2008. 北京：中国建筑工业出版社，2008.

[8] 2009 全国民用建筑工程设计技术措施：结构（地基与基础）．北京：中国计划出版社，2010.

[9] 北京市建筑设计技术细则——结构专业．北京市规划委员会，2004.

[10] 北京市建筑设计研究院．建筑结构专业技术措施．北京：中国建筑工业出版社，2007.

[11] 北京地区建筑地基基础勘察设计规范 DBJ 11—501—2009. 北京：中国计划出版社，2009.

[12] 上海市地基基础设计规范 DGJ 08—11—2010.

[13] 超长大体积混凝土结构跳仓法技术规程 DB11/T 1200—2015. 北京：中国计划出版社，2015.

[14] 王铁梦．工程结构裂缝控制．北京：中国建筑工业出版社，1998.

[15] 王铁梦．工程结构裂缝控制"抗与放"的设计原则及其在"跳仓法"施工中的应用．北京：中国建筑工业出版社，2007.

[16] 胡庆昌，徐元根．昆仑饭店设计．第八届全国高层建筑结构学术交流会论文集．第一卷，1984.

[17] 王素琼．北京燕莎中心工程地基回弹与沉降观测结果的初步分析．基础工程 400 例（上册）．北京：中国科学技术出版社，1995.

[18] 程懋堃，胡庆昌，李国胜等．北京西苑饭店．建筑结构优秀设计图集 1. 北京：中国建筑工业出版社，1997.

[19] 李国胜．北京西苑饭店新楼的基础设计．基础工程 400 例（上册）．北京：中国科学技术出版社，1995.

[20] 王载，任庆英．B7 大厦框架—核心筒高层及连体结构设计．第十九届全国高层建筑结构学术交流会论文集，2006.

[21] 宗国华，李国胜．北京富盛大厦结构优化设计．第二十届全国高层建筑结构学术交流会论文集，2008.

[22] 黄小海．紫荆苑综合楼基础设计．第十五届全国高层建筑结构学术交流会论文集，1998.

[23] 刘军．北京 SOHO 现代城设计．第十八届全国高层建筑结构学术交流会论文集，2004.

[24] 沈励操等．高层建筑与裙房基础连为整体时的沉降观测及分析．建筑结构，2007 年第 10 期．

[25] 何集福等．京西宾馆东楼地基基础设计．基础工程 400 例（上册）．北京：中国科学技术出版社，1995.

[26] 李晨等．佳程广场结构设计．第十八届全国高层建筑结构学术会议论文集，2004.

[27] 姚辉等．杭州第二长途电信枢纽工程结构设计．第十九届全国高层建筑结构学术会议论文集，2006.

[28] 茅声华等．佳成大厦结构设计与施工．第十九届全国高层建筑结构学术会议论文集，2006.

[29] 董建国等．上海四联大厦基础设计的若干问题．基础工程 400 例(下册)．北京：地震出版社，1999.

[30] 傅沛兴．碱—骨料反应——中国混凝土工程的一大隐患．建筑技术，1999 年，第一期．

[31] 周建等．南京银河大厦结构设计．第二十届全国高层建筑结构学术会议论文集，2008.

[32] 陆道渊等．天津津门酒店结构设计．第二十一届全国高层建筑结构学术会议论文集，2010.

[33] 张耀康等．重庆保利国际广场结构设计和分析．第二十一届全国高层建筑结构学术会议论文集，2010.

[34] 江蓓等．某超高层纯剪力墙结构住宅设计．第二十一届全国高层建筑结构学术会议论文集，2010.

[35] 阚敦莉等．北京雪莲大厦后注浆桩筏基础与地基土相互作用分析．第十二届高层建筑抗震技术交流会论文集，2009.

[36] 朱炳寅．对独基加防水板基础的设计．建筑结构，技术通讯，2007 年 7 月．

[37] 魏丰登等．郑州绿地广场超高层结构设计，第二十一届全国高层建筑结构学术交流会论文集，2010.

[38] 罗银录等．西安地区钻孔灌注复式压浆桩应用工程实例．第二十届全国高层建筑结构学术交流会论文集，2008.

[39] 李培彬等．北京银泰中心塔楼桩基设计．建筑结构，2007 年第 11 期．

[40] 王卫东等．中央电视台新主基础设计．岩土工程学报，2010 年 8 月．

[41] 师杰等．兰州国际贸易中心续建结构设计．第二十二届全国高层建筑结构学术会议论文集，2012.

[42] 张颖等．河南发展大厦桩基优化设计．第二十二届全国高层建筑结构学术会议论文集，2012.

[43] 程煜等．天津嘉里中心公寓楼结构设计介绍．第二十二届全国高层建筑结构学术会议论文集，2012.

[44] 胡海涛等．烟台阳光 100 城市广场结构设计．建筑结构，2013 年 1 月上．

[45] 徐浩．混凝土工程新技术．北京：建材工业出版社，1994.

[46] 李国胜，李军军．高层主楼与裙房或地下车库之间的基础设计．建筑结构，2005 年第 7 期．

[47] 李国胜．简明高层钢筋混凝土结构设计手册(第 3 版)．北京：中国建筑工业出版社，2011.

[48] 李国胜，闫颖．高层建筑地下室及地下车库结构选型的经济比较．第十九届全国高层建筑结构学术交流会论文集，2006.

[49] 李国胜．多高层建筑基础底板的设计与构造．建筑结构，技术通讯，2007 年 9 月，2007 年 11 月，2008 年 1 月．

[50] 李国胜．"跳仓法"施工超长基础筏板及地下室外墙．建筑结构，技术通讯，2008 年 3 月．

[51] 李国胜．建筑结构设计中一些问题的讨论(一)、(二)、(三)、(四)．建筑结构，技术通讯，2009 年 1 月，2009 年 3 月，2009 年 9 月，2010 年 5 月．

[52] 李国胜．多高层钢筋混凝土结构设计中疑难问题的处理及算例(第二版)．北京：中国建筑工业出版社，2011.

[53] 李国胜．混凝土结构设计禁忌及实例(第二版)．北京：中国建筑工业出版社，2012.

[54] 李国胜．多高层钢筋混凝土结构设计优化与合理构造(附实例)(第二版)．北京：中国建筑工业出版社，2012.

[55] 李国胜．高层混凝土结构抗震设计要点、难点及实例．北京：中国建筑工业出版社，2009.

[56] 李国胜．多高层建筑基础及地下室结构设计——附实例．北京：中国建筑工业出版社，2011.

[57] 李国胜．建筑结构裂缝及加层加固疑难问题的处理——附实例(第二版)．北京：中国建筑工业出版社，2013.

[58] 李国胜．建筑地基基础及地下室结构设计疑难处理与实例．北京：中国建筑工业出版社，2014.